白金代替カーボンアロイ触媒
Platinum-Substitute Carbon Alloy Catalysts

《普及版／Popular Edition》

監修 宮田清藏

シーエムシー出版

『白金代替カーボンアロイ触媒』発行によせて

　化学反応は原子間における電子の授受によって招来する。したがってこの反応速度を加速する触媒としては原子内に電子を多く有している原子番号の大きな遷移金属及びその化合物が従来用いられてきた。炭素は原子番号6であり、電子はしっかり原子核の廻りに固定されていることから触媒機能を示すと思われていなかった。しかし6個の電子はハイブリッド化してSP，SP^2，SP^3などの混成軌道を形成し、これらが結合することにより多くの同素体を生じる。特に最近はSP^2混成軌道よりなるグラフェン、フラーレン、カーボンナノチューブなどが注目されている。これらの物質は炭素原子数拾個以上集合することにより、元電子の遷移エネルギーが低下し電導性が発現するようになる。すなわちフェルミレベル近傍に状態密度が高くなり遷移金属などとの類似性があらわれると考えられる。このような状況において窒素原子がグラフェンのある特定位置に導入されるとそのとなりの炭素の電子密度が高くなり、酸素分子を吸着しかつ電子を供与できる状況すなわち酸素還元機能が発現するのである。この点がカーボンアロイ触媒の特徴である。このような小さな原子番号の元素でも、それらがある種の集合状態を形成すると金属などが有するd軌道やf軌道が示す触媒機能と同様な働きをするのである。このように考えるとカーボンアロイ触媒は従来とは全く異なったカテゴリーに属する。したがってこの分野の科学を深化し更に応用を探ることは極めて重要である。

　白金は広範な化学反応において触媒作用を示すことから、燃料電池、自動車用排ガス浄化などに応用されている。しかし白金は産出国が南アフリカとロシアに片寄っている上に産出量が少ないので投機の対象となることがあり、その価格は大きく乱高下する。カーボンアロイ触媒は天然物から焼成することができ、カーボンニュートラルの上に資源は無限にあると言っても過言ではない。

　本書では現状におけるカーボンアロイ触媒の研究開発について全て網羅している。カーボンアロイ触媒は未だ全貌が明らかになっている訳ではないが、極めて魅力的で応用も広範囲に広がりつつある。本書が読者のインスピレーションを刺激して新しい発展の一助になることを祈っている。

2010年3月

宮田清藏

普及版の刊行にあたって

本書は 2010 年に「白金代替カーボンアロイ触媒」として刊行されました。普及版の刊行にあたり，内容は当時のままであり加筆・訂正などの手は加えておりませんので，ご了承ください。

2016 年 5 月

シーエムシー出版　編集部

執筆者一覧（執筆順）

安田　榮一	東京工業大学　イノベーション研究推進体　ナノファイバー先導研究戦略推進体　特任教授	
宮田　清藏	㈱新エネルギー・産業技術総合開発機構（NEDO）　シニアプログラムマネージャー；東京工業大学　国際高分子基礎研究センター　特任教授	
尾崎　純一	群馬大学　大学院工学研究科　環境プロセス工学専攻　教授	
畳開　真之	東京工業大学　大学院理工学研究科　有機・高分子物質専攻；帝人㈱　新事業開発グループ　融合技術研究所	
柿本　雅明	東京工業大学　大学院理工学研究科　有機・高分子物質専攻　教授	
難波江　裕太	東京工業大学　大学院理工学研究科　有機・高分子物質専攻　特任助教	
斉木　幸一朗	東京大学　大学院新領域創成科学研究科　教授	
守屋　彰悟	東京工業大学　大学院理工学研究科　有機・高分子物質専攻　プロジェクト研究員；日清紡ホールディングス㈱　新規事業開発本部　新規事業開発室　室員	
尾嶋　正治	東京大学　大学院工学系研究科　応用化学専攻　教授	
黒木　重樹	東京工業大学　大学院理工学研究科　特任准教授	
池田　隆司	㈱日本原子力研究開発機構　量子ビーム応用研究部門放射光科学研究ユニット　研究副主幹	
S. F. Huang	北陸先端科学技術大学院大学　先端融合領域研究院　研究員	
M. Boero	Institut de Physique et Chimie des Matériaux de Strasbourg（IPCMS）Director	
寺倉　清之	北陸先端科学技術大学院大学　先端融合領域研究院　特別招聘教授	
近藤　剛弘	筑波大学　大学院数理物質科学研究科　物質創成先端科学専攻　助教	
中村　潤児	筑波大学　大学院数理物質科学研究科　物質創成先端科学専攻　教授	
山中　一郎	東京工業大学　大学院理工学研究科　応用化学専攻　准教授	
早川　晃鏡	東京工業大学　大学院理工学研究科　有機・高分子物質専攻　准教授	
山口　和也	東京大学　大学院工学系研究科　応用化学専攻　准教授	
水野　哲孝	東京大学　大学院工学系研究科　応用化学専攻　教授	
荒井　正彦	北海道大学　大学院工学研究科　有機プロセス工学専攻　教授	
藤田　進一郎	北海道大学　大学院工学研究科　有機プロセス工学専攻　講師	
上嶋　康秀	帝人㈱　経営企画部門　技術戦略室　担当部長	

執筆者の所属表記は，2010年当時のものを使用しております。

目　次

第1章　カーボンアロイとは　　安田榮一

1　はじめに …………………………… 1
2　カーボンアロイの定義 …………… 1
3　カーボンアロイの分類 …………… 3
4　最近のカーボンアロイ研究 ……… 4
5　おわりに …………………………… 7

第2章　カーボンアロイ触媒の経緯〜白金をめぐる最近の事情〜　　宮田清藏

1　はじめに …………………………… 11
2　白金の触媒作用 …………………… 13
3　NEDOカーボンアロイ触媒プロジェクト
　　 …………………………………… 15

第3章　カーボンアロイ触媒の機能発現　　尾崎純一

1　炭素材料概論 ……………………… 18
　1.1　炭素化の化学 ………………… 18
　1.2　カーボンアロイ ……………… 19
　1.3　炭素材料の難しさとカーボンアロイ
　　 …………………………………… 19
2　異種元素導入による炭素の物性制御 … 20
3　触媒黒鉛化 ………………………… 21
4　ヘテロカーボン …………………… 25
5　炭素表面の触媒作用 ……………… 26
6　酸素還元活性 ……………………… 28
7　終わりに …………………………… 31

第4章　カーボンアロイ触媒の作製法

1　ナノシェル炭素 ………… 尾崎純一 … 34
　1.1　ナノシェルの構造的特徴と電気化学的性質 …………………………… 34
　　1.1.1　構造的特徴 ………………… 34
　　1.1.2　電気化学的性質 …………… 34
　1.2　ナノシェルの酸素還元活性 … 35
　　1.2.1　フェロセン系 ……………… 35
　　1.2.2　フタロシアニン系 ………… 36
　　1.2.3　ナノシェルの活性支配因子 … 37
2　ポリマーから見た設計
　　 ……………… 畳開真之,柿本雅明 … 40
　2.1　背景 …………………………… 40

I

2.2	含窒素芳香族高分子の重合 ……… 40	2.5	含窒素芳香族高分子化合物への Fe の添加 …………………… 49
2.2.1	芳香族ポリイミド（PI）の合成方法 …………………… 40	2.6	まとめ ……………………… 51
2.2.2	芳香族ポリアミド（PA）の重合方法 …………………… 40	3	添加金属の効果 ……… **難波江裕太** … 53
		3.1	炭素化初期の働き …………… 53
2.2.3	芳香族ポリベンゾアゾール（Az）の重合方法 ………… 42	3.2	鉄微粒子の生成と高次構造に及ぼす影響 …………………… 57
2.3	含窒素芳香族高分子の焼成及び特性評価 ……………………… 43	3.3	電極触媒活性に及ぼす影響 …… 60
2.4	含窒素芳香族高分子の焼成過程の観察 ……………………… 44	3.4	FePc/PhRs の炭素化における鉄の作用 …………………… 62

第5章　カーボンアロイ触媒の機能

1	炭素構造とグラフェン構造 …………… **斉木幸一朗** … 66	2.1.3	限られた空間を用いた微細化 ……………………………… 85
1.1	はじめに …………………… 66	2.2	ナノシェルカーボンの高性能化 … 86
1.2	炭素の化学結合 ……………… 66	2.2.1	窒素・ホウ素ドープ炭素の酸素還元活性 ……………… 87
1.3	固体炭素の諸構造 …………… 68		
1.4	グラファイト構造とグラフェン構造 …………………… 69	2.2.2	ナノシェルへの窒素ドープ … 88
		2.3	おわりに …………………… 89
1.5	グラフェンの端構造 ………… 72	3	酸素還元活性と4電子還元選択性 …………… **守屋彰悟** … 91
1.6	グラフェン端構造の実験的検証 … 73		
1.7	グラフェン端の電子状態 …… 78	3.1	回転リング・ディスク電極（RRDE）法 ………………… 91
1.8	グラフェンの欠陥構造 ……… 81		
2	カーボン触媒の高性能化 … **尾崎純一** … 84	3.2	酸素還元反応性の理論計算 … 94
2.1	ナノシェルの微細化 ………… 84	3.3	熱処理条件による電気化学的特性の変化 ……………………… 94
2.1.1	ナノシェルの形成過程と微細化 ……………………… 84	3.3.1	酸素還元活性 ……………… 94
2.1.2	高分子化錯体を用いた微細化 ……………………… 85	3.3.2	過酸化水素生成率 ………… 96
		3.4	添加金属による電気化学的特性の

変化 …………………………… 97
　1.3.4.1　酸素還元活性 …………… 97
　1.3.4.2　過酸化水素生成率 ……… 98

第6章　カーボンアロイ触媒のキャラクタリゼーション

1　放射光を用いた解析 ……… **尾嶋正治** … 100
　1.1　CAC中窒素不純物の化学構造・電子構造解析：硬X線光電子分光と軟X線吸収分光 …………… 101
　1.2　CAC中残留遷移金属元素の化学構造，電子構造解析：硬X線光電子分光と軟X線吸収分光 ……… 106
　1.3　in situ 燃料電池解析システム …… 107
2　NMRおよびESR ………… **黒木重樹** … 110

　2.1　磁気共鳴現象（NMRとESR） …… 110
　2.2　固体NMR法 …………………… 111
　2.3　NMR化学シフト ……………… 112
　2.4　ポリピロールを前駆体としたカーボンアロイ触媒の酸素還元特性 … 113
　2.5　カーボンアロイ触媒の ^{1}HNMR … 113
　2.6　カーボンアロイ触媒の ^{15}NNMR … 115
　2.7　カーボンアロイ触媒のESR …… 118

第7章　カーボンアロイ触媒の原理

1　カーボンアロイ触媒の発現原理 … **池田隆司**，S. F. Huang，M. Boero，**寺倉清之** ……………………… 121
　1.1　はじめに ……………………… 121
　1.2　グラフェンの電子状態 ……… 122
　　1.2.1　ジグザグエッジ状態 ……… 122
　　1.2.2　窒素置換の効果 …………… 125
　1.3　カーボンアロイの触媒活性 …… 127
　　1.3.1　第一原理分子動力学に基づいた化学反応のシミュレーション法 ………………………… 127
　　1.3.2　酸素分子吸着過程 ………… 128
　　1.3.3　酸素分子還元過程 ………… 134

　　1.3.4　触媒サイクル ……………… 136
　1.4　おわりに ……………………… 137
2　実験によるカーボンアロイ触媒の発現原理 ……… **近藤剛弘**，**中村潤児** … 139
　2.1　はじめに ……………………… 139
　2.2　白金微粒子を真空蒸着したグラファイト表面 ………………… 140
　2.3　Ar$^+$イオンスパッタリング処理をしたグラファイト表面 ………… 143
　2.4　N$_2^+$イオンスパッタリング処理をしたグラファイト表面 ………… 146
　2.5　カーボンアロイ触媒の発現原理の可能性 ………………………… 147

第8章　酸化反応触媒

1 過酸化水素製造 …………… **山中一郎** … 150
1.1 はじめに ……………………………… 150
1.2 燃料電池電解法による過酸化水素
　　合成 ………………………………… 150
1.3 カーボンアロイ電極触媒を用いた
　　過酸化水素合成 …………………… 153
1.4 カーボンアロイ電極触媒による中
　　性過酸化水素水の合成 …………… 156
1.5 終わりに …………………………… 161
2 カーボンアロイ触媒によるアルコール
　の酸化反応…… **柿本雅明，早川晃鏡** … 163
2.1 はじめに …………………………… 163
2.2 カーボンアロイ触媒によるベンジ
　　ルアルコールの空気酸化 ………… 163
2.3 選択的酸化反応の機構の考察 …… 166

第9章　カーボンアロイ触媒による合成反応

1 カーボンアロイ材料の化学合成用貴金
　属フリー触媒としての応用展開の可能性
　……………… **山口和也，水野哲孝** … 172
1.1 はじめに …………………………… 172
1.2 活性炭を触媒，分子状酸素を酸化
　　剤とした酸化反応 ………………… 173
1.3 グラファイト状カーボンナイトラ
　　イド（g-C_3N_4） ………………… 179
1.4 まとめ ……………………………… 182
2 C-C 結合生成反応
　……………… **荒井正彦，藤田進一郎** … 185
2.1 緒言 ………………………………… 185
2.2 アンモオキシデーションによる炭
　　素材料への窒素ドープ …………… 186
2.3 窒素ドープカーボンアロイの塩基
　　触媒活性 …………………………… 187
2.3.1 処理雰囲気と温度履歴の影響
　　………………………………………… 187
2.3.2 処理温度の影響 ………………… 188
2.3.3 アンモニア濃度の影響 ………… 190
2.3.4 処理時間の影響 ………………… 192
2.3.5 触媒のリサイクル ……………… 193
2.4 窒素ドープカーボンアロイ触媒の
　　性状と塩基触媒活性との関係 …… 194
2.5 結言 ………………………………… 198

第10章　カーボン系白金代替触媒の特許動向　**上嶋康秀，畳開真之**

1 はじめに ……………………………… 200
2 特許調査範囲と対象特許文献の選別 … 201
2.1 調査範囲 …………………………… 201
2.2 選別と分類 ………………………… 201

3　特許動向 …………………………… 202
　3.1　技術別特許公開状況 ……………… 202
　3.2　年代別特許公開状況 ……………… 203
　3.3　研究機関別特許公開状況 ………… 204
4　カーボン系白金代替触媒の特許例 …… 205
　4.1　三洋電機／群馬大学 ……………… 205
　4.2　群馬大学 …………………………… 205
　4.3　旭化成 ……………………………… 205
　4.4　地方独立行政法人大阪市立工業研究所／日本触媒 ……………………… 206
　4.5　3M INNOVATIVE PROPERTIES CO (US) ……………………………… 206
　4.6　ソニー ……………………………… 206
　4.7　日本カーリット …………………… 206
5　まとめ ……………………………… 206

第11章　世界のカーボン系白金代替カソード触媒の動向　難波江裕太

1　はじめに …………………………… 208
2　金属がORR活性点であると考えているグループ ………………………… 209
　2.1　カナダ（INRS：Institut national de la recherche scientifique）Dodetet グループ ……………………… 209
　2.2　ドイツ（Helmholtz-Zentrum Berlin für Materialen and Energie）Bogdanoff グループ …………………… 209
3　窒素をドープした炭素が触媒活性を有すると考えているグループ ……………… 210
　3.1　日本（群馬大学）尾崎グループ … 210
　3.2　アメリカ（University of South Carolina）Popov グループ ……… 211
　3.3　アメリカ（The Ohio State University）Ozkan グループ …… 211
　3.4　アメリカ（The University of Texas at Austin）Stevenson グループ ……………………………… 213
　3.5　日本（信州大学）高須グループ … 213
4　その他グループ …………………… 213
　4.1　アメリカ（Los Alamos National Laboratory）Zelenay グループ … 213
　4.2　アメリカ3M社 …………………… 214
5　おわりに …………………………… 214

第1章　カーボンアロイとは

安田榮一*

1　はじめに

　炭素材料は，古くから熱源としての炭，宝石や研磨材としてのダイヤモンド，鉛筆の芯や潤滑剤としての黒鉛，インクとしてのカーボンブラック等々，人類に親しまれ使われている材料である。近年では，製鋼用の黒鉛電極として，カーボンブラックはタイヤの補強材として，活性炭は現代生活を担う材料として大量に使われており，伝統的な炭素と呼ばれている。これに対し，過去30年前以内に開発が始められ最近多量に製造されている，補強材としての炭素繊維，水浄化の活性炭，コンピューターのメンブレインスイッチ，シャープペンの芯，Liイオン電池の負極材や電気二重相キャパシター等の炭素材料はニューカーボンと呼ばれている。炭素材料の研究対象は4～5年で更新されており，炭素材料は古くて新しい材料，即ち蘇る材料と言われている所以である。

　これらの炭素材料の特性や用途の幅広さは何処にあるのであろうか。一番の基本は，炭素原子の異なる混成軌道 sp，sp^2，sp^3 の違いに起因している。単一の元素でこれ程幅広く構造，組織，特性を変化させる材料は他には無く，これからも新しい特性が開拓される可能性を多いに持っている材料である。そのような状況の下，1997年，日本の炭素の研究者60名が文科省の科学研究費のプロジェクトで集まって炭素材料の違った切り方を提案したのがカーボンアロイである。プロジェクトの概要並びに班構成を図1に示す[1]。

2　カーボンアロイの定義

　「アロイ」は合金であり，単一の金属元素からなる純金属に対して，複数の金属元素あるいは金属元素と非金属元素から成る金属様のものをアロイという。1980年代に「ポリマーアロイ」が提案された。これは，複数のポリマーを混合する事で，新しい特性を持たせた高分子のことである[2]。

---

*　Eiichi Yasuda　東京工業大学　イノベーション研究推進体　ナノファイバー先導研究戦略推進体　特任教授

図1　カーボンアロイプロジェクトの概要

第1章 カーボンアロイとは

さて、純粋な黒鉛は $1580cm^{-1}$ にGバンドと呼ばれる一本のラマンピークしか示さないが、一般の炭素材料では、Gバンドと $1380cm^{-1}$（Dバンド）にもう一本のラマンピークが認められる。これは、複合系であるということを示しており、場合によっては3重結合spの共存も報告されていることから、これは一種のアロイであろうという議論が始まった。この発想に基づき「カーボンアロイ」という新造語を提案し、炭素材料学会での議論の結果、『**【カーボンアロイ】とは、カーボン原子の集合体を主体とした多成分系からなり、それらの構成単位間に物理的・化学的な相互作用を有する材料。但し、異なる混成軌道を有する炭素は、異なる成分系と考える。**』という定義付けがなされた。異なる混成軌道を有する炭素は異なる成分系と考えると言う点には熱力学的には無理があるかもしれないが、これが炭素の特徴とも言えよう。

3 カーボンアロイの分類

カーボンアロイ研究が進むにつれてカーボンアロイの分類が進められた。分類の基本は、ポリマーアロイの分類が手法による分類であるのに対して、カーボンアロイでは制御する場所の大きさと、その種類で分類した。

すなわち、図2に示したような炭素同士（ホモアトミック）のアロイングをするものと、異種原子とのアロイングをするものと言う観点で分類した。ホモアトミックカーボンアロイは、稲垣の提案するカーボンファミリー[3]を基本とし、これを発展させて圧力と温度を広げる事でイオン

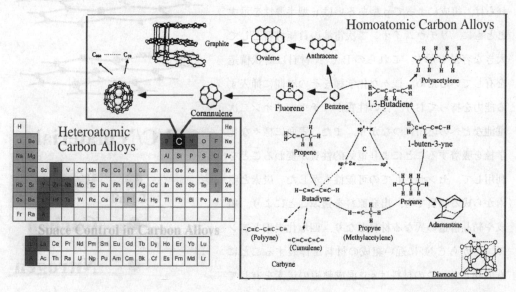

図2　ホモアトミックカーボンアロイとヘテロアトミックカーボンアロイ

性や金属性まで広げられる可能性のある混成軌道の異なるアロイ，表面あるいは裏面を制御させた表面・裏面制御型アロイ，異方性組織制御並びに界面組織制御型のアロイに分類した。異種原子とのアロイ，即ちヘテロアトミックカーボンアロイは，B，N等の異種原子を結晶格子点に置換した置換型アロイ，黒鉛の層間に挿入したインターカレーション化合物に分類される。尚，プロジェクトの成果は紙面の関係で省略するが，その代表的成果は，"Carbon Alloys" として出版してあるので参照願いたい[4]。

4　最近のカーボンアロイ研究

カーボンアロイプロジェクトは2000年に終了したが，その後もカーボンアロイの研究は深化し発展し続けている。本書の主題であるカーボンアロイ触媒以外で，最近話題となっているカーボンアロイ研究の一端を以下に示す。

[**大阪電気通信大学　川口雅之ら**]

学振のプロジェクト「炭素材料中への機能性ナノおよびミクロスペースの創製」（H8–H12）を分担し，そのなかで，グラファイト結晶の一部を，周期表で両隣の元素であるIII-V族のホウ素や窒素で置換したBC_3NやBC_6Nという組成の新しい物質を化学気相蒸着法（CVD法）や低温で化合物を熱分解する方法等を使って合成することに成功した（図3）。これらは，組成によってp型あるいはn型半導性を示すとともに，リチウムイオン二次電池の負極材料として大きな容量を示す。これらのB/C/N材料は層状構造を有しているため，様々な化学種をその層間に挿入する能力を持っており，この性質がリチウムイオン二次電池などへの応用につながり，また，表面に様々な化学種を吸着することにより電気的性質が変わることを利用して，センサとしての可能性も示した。炭素と窒素から成る物質でも，出発原料を選ぶことにより，組成や結晶構造の異なる材料となり，四塩化炭素とアンモニアからC_3N_4に近い組成の材料を作製することにも成功した。この材料はsp^3混成軌道の炭素を有しており，高硬度材料や短波長光の発光材料としての可能

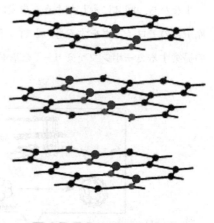

図3　B/C/N化合物

第1章　カーボンアロイとは

性を示した[5]。

[信州大学　遠藤守信]

　学振のプロジェクトで「先進エネルギーデバイス用ナノカーボン（NC）の基礎科学と応用」(H11-H15) を実施し，ナノカーボンとしてのカーボンナノチューブ（CNT）の研究をすすめ，特異な形態のカップスタック型のCNTを発見すると共に，これをエネルギーデバイスとしての燃料電池電極，Liイオン電池電極の他に，細胞培養担持体あるいは複合材料としての力学的特性向上や，スピーカーコーンへの適用も行った[6]。

[東京工業大学　榎敏明]

　ナノグラファイトやナノグラフェンがバルクなグラファイトと比較して大きな電子状態の違いがあることを明らかにした（図4）。ナノグラフェンには端が存在することにより，端構造の幾何学により電子状態は大きく異なり，端に局在するエッジ状態とよばれる非結合π電子が存在する結果，その状態密度はフェルミ準位付近にピークを持つ。電子物性はエッジ状態により大きく

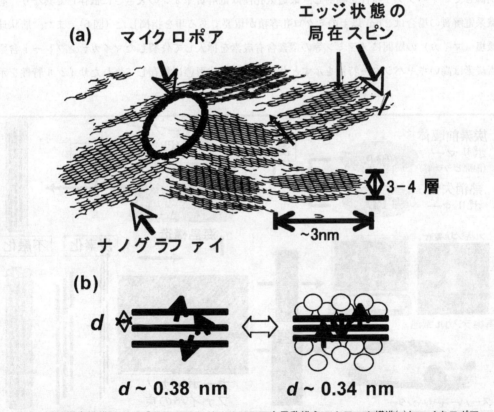

図4　活性炭素繊維のナノグラファイトドメインの三次元乱雑ネットワーク構造(a)とマイクロポアへの水の吸収による層間距離変化と磁性の変化(b)

支配され，これをナノグラフェンの磁性と関連付けて理論的に検討した。また，ナノ空間を用いたホスト・ゲスト系として，バルクなグラファイトにおいてはグラフェン層間へのゲスト分子のインターカレーションにより，多くの新規物質（グラファイト層間化合物）やゲスト分子の凝集層が形成され，ナノグファファイトの特異な電子状態を反映した特異電子相の形成を見出した[7]。

[東京工業大学　安田・大谷グループ]

「カーボンアロイプロジェクト」において大谷が提案したポリマーブレンド法による超極細炭素繊維（CNF）の開発を行っている。即ち，図5に示したように炭素前駆体と熱消失性のポリマーをブレンドして海島構造を作り，これを紡糸することにより炭素前駆体の分子配向をさせた後，島部分の直径100nm級の炭素前駆体を取り出し，不融化・炭素化・黒鉛化して結晶性の高い高電気伝導性のCNFを製造する新規プロセスを開発した。そして，これを電極に利用して高性能超薄型電池や小型蓄電池の開発を行っている[8,9]。

[産業技術総合研究所・エネルギー貯蔵グループ　羽鳥，山下等]

高性能キャパシタ用新規炭素材料の研究を行っている。鋳型法で鋳型と原料を変えて細孔径を制御してキャパシター特性を検討し，最適気孔径は電解質イオンの大きさに依存して異なり，有機系電解質の場合は2nm以上のミクロ孔容積が重要である事を指摘した（図6）。また，層状珪酸塩（マイカ）の層間にメラミン等の窒素含有炭素を挿入して作製したマイカテンプレート含窒素炭素は高いキャパシター特性を示すと共にその繊維状形態に依存して優れたサイクル特性を示

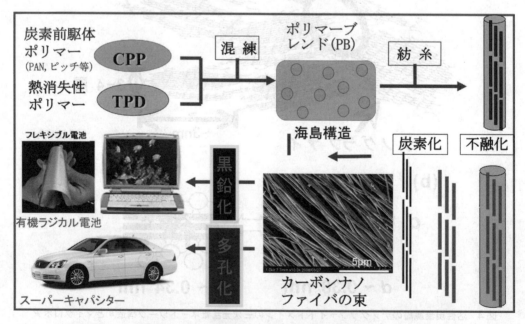

図5　ナノ溶融分散紡糸法によるカーボンナノファイバー（CNF）の製造概念図

第1章 カーボンアロイとは

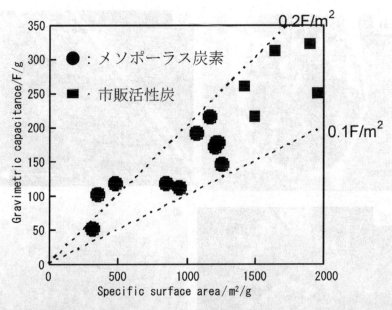

図6 メソポーラス炭素と活性炭の比表面積とキャパシタンス

す事を明らかにした[10]。

[大分大学 豊田等]

硝酸中で電解して得られた炭素繊維の層間化合物を加熱して膨張化させた炭素繊維は硫酸分子のインターカレーション反応に起因すると思われる大きな疑似容量（550F/g）を示す事を明らかにした[11]（図7）。

[東北大学 京谷]

図8に示すように規則的な直線孔を持つ Al の陽極酸化皮膜を鋳型として利用することで，太さと長さがナノメーターレベルで厳密に制御されたナノチューブや多孔質カーボンの合成を行い，これを鋳型炭素化法と命名した。内面だけの選択的な化学修飾や二重構造のナノチューブの合成など，通常の方法では困難なことも鋳型法を利用すれば容易に行うことができる。また，均一で短い試験管状のカーボンナノチューブ（カーボンナノ試験管）を合成することもでき，しかも，その長さが5μm以下であれば水によく分散することも見出した。さらに，ゼオライトを鋳型として利用すれば，規則性の細孔構造をもつナノポーラスカーボンを合成でき，今まで困難であったミクロ孔径の精密制御も可能にした[12]。

5 おわりに

前節で紹介したようにカーボンアロイの範疇に入る研究は沢山為されており，電気電子機能，

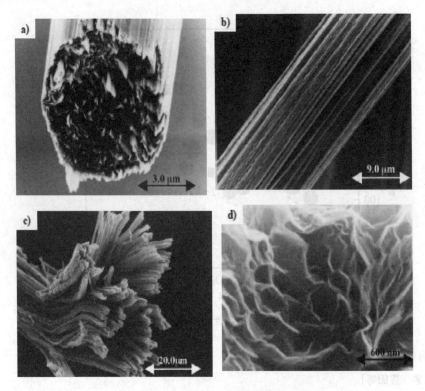

図7 メゾフェーズピッチ系炭素繊維の形態変化
出発炭素繊維(a), 電気分解後(b), 膨張化後(c), 断面拡大図(d)

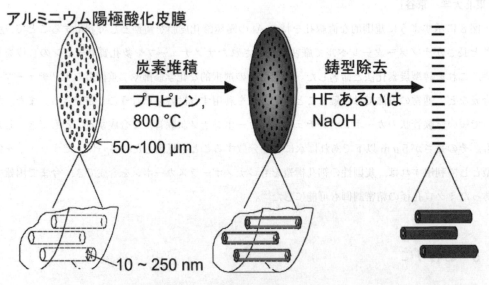

図8 アルミニウム陽極酸化皮膜を鋳型としたカーボンナノチューブの合成方法

第1章 カーボンアロイとは

図9 カーボンアロイの機能と応用

熱的機能,機械的機能,化学的機能,吸着機能,生理学的機能,核的機能,形態機能等優れた機能が見出されており,これからも新しい機能が発見される事が期待される(図9)。また,これらの機能を使ったカーボンアロイ触媒等の触媒材料,Liイオン二次電池,キャパシター,燃料電池等の電池材料,センサー,熱電変換素子等の半導体材料,宇宙・航空等への先進複合材料,バイオセンサーやドラッグデリバリ等の医用材料等々へ応用され,展開される事が期待される。

文　　献

1) 「カーボンアロイ・炭素材料の空間制御と新機能の展開」文部科学省科研費特定研究(領域番号288)成果報告書,平成12年3月
2) 高分子学会編,「ポリマーアロイ・基礎と応用」,東京化学同人,1993年

3) 稲垣道夫,「炭素材料工学」, 日刊工業新聞社, 昭和60年
4) "Carbon Alloys-Novel Concepts to Develop Carbon Science and Technology-", edt by E. Yasuda *et al.*, Elsevier (2003)
5) 川口雅之,「B/C/N系グラファイト様層状化合物の新展開」,「炭素材料の新展開」(学振117委員会60周年記念出版)」, 学振117委員会, pp92-98., 平成19年3月
6) 遠藤守信他,『カップ積層型カーボンナノチューブの生成, 構造と応用』,「炭素材料の新展開(学振117委員会60周年記念出版)」, 学振117委員会, pp8-18., 平成19年3月
7) 榎敏明, 高井和之,「ナノグラファイトとそのホスト―ゲスト系の物性」,「炭素材料の新展開(学振117委員会60周年記念出版)」, 学振117委員会, pp38-48., 平成19年3月
8) 大谷朝男,「ポリマーブレンド法によるナノカーボンのデザイニング」,「炭素材料の新展開(学振117委員会60周年記念出版)」, 学振117委員会, pp31-37., 平成19年3月
9) http://www.nedo.go.jp/kankobutsu/pamphlets/nano/sentan2008.pdf#search='ナノ溶融分散紡糸'
10) 山下順也他,『高性能キャパシタ用新規炭素材料』,「炭素材料の新展開(学振117委員会60周年記念出版)」, 学振117委員会, pp261-271., 平成19年3月
11) 豊田昌宏,「炭素繊維の膨張化」,「炭素材料の新展開(学振117委員会60周年記念出版)」学振117委員会, pp112-117., 平成19年3月
12) 京谷隆,「鋳型炭素化法によるカーボンナノ構造の制御」,「炭素材料の新展開(学振117委員会60周年記念出版)」, 学振117委員会, pp24-30., 平成19年3月

第2章　カーボンアロイ触媒の経緯～白金をめぐる最近の事情～

宮田清藏*

1　はじめに

　白金は金や銀と比較して硬くまた錆び難くその光沢を失わないので，ダイヤモンドリングなど宝飾品に使われていると思っている人達が多い。しかし各種化学反応の触媒としての機能があり，採掘量約200t/年のうち約60％が触媒として使用されている。宝飾品には約30％が使われているにすぎない。その他は電気・電子産業，ガラス製造などの他，1％位は投機である。一般化学工業用触媒としてはリサイクルされているので，それ程大きな新規需要にはつながらない上に代替触媒の開発もなされている。しかし自動車排ガス浄化触媒としては，高温300～900℃で使用される上に，その期間も10年以上働くことが期待されているので，白金（Pt），ロジウム（Rh），パラジウム（Pd）など貴金属触媒しか使われていないのが現状である。実際にPt生産量の半分強，Pdでは66％，Rhに至っては85％が自動車用触媒である。自動車は約3500万台/年程度生産されている。全自動車に排ガス浄化触媒が装備されているわけではない。図1に自動車用排気ガス浄化触媒の取り付け位置を示す。日産NOTE，L4エンジンの場合の配置例である。直例4気筒1.5Lエンジンのマニフォールド直下に1つと床下にもう1つの，2個の排気ガス浄化触媒が装着されている。これで完全にHC，CO，NOなどを浄化する。図2に排気浄化触媒の構造と組成を示す。セラミックスの支持体中にガス流路があり，その表面はアルミナAl_2O_3が貴金属触媒の担体となっている。担体のサイズは1～10μmで，その表面数nmのPt，Pd，Rhなどが担持されている。また酸素濃度が大の時，酸素を貯蔵し濃度が少なくなると酸素を供給してHCやCOを酸化する材料として酸化セリウムCeO_2なども担持されている。このように技術的に高度な構造になっているので排気ガス触媒は高価になる。

　中国やインド，その他途上国では排ガス規制がないので，そこで生産される自動車には排ガス浄化機構が装備されていない。しかし中国では今年4月1日より排ガス規制が行われた。自動車生産が最大になった2008年1月にはPt 1g当たり7000円，Rhは28000円もした。Rhはあらゆる金属の中で最も高価である。最近インドで発売された"ナノ"は2000ドルと言われている

---

* Seizo Miyata　㈱新エネルギー・産業技術総合開発機構（NEDO）　シニアプログラムマネージャー；東京工業大学　国際高分子基礎研究センター　特任教授

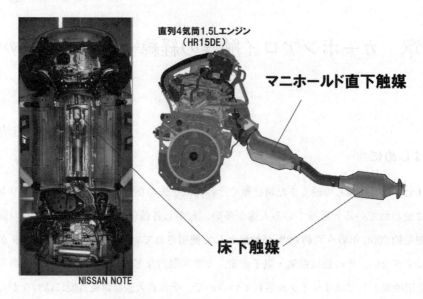

図1 自動車用排気ガス浄化触媒 L4エンジンの場合の配置例

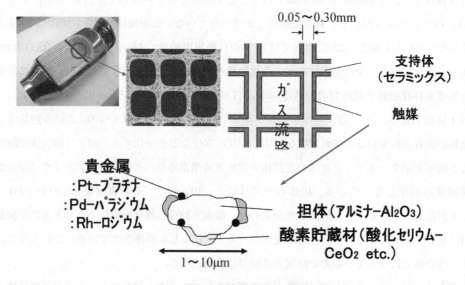

図2 排気浄化触媒の構造と組成

が，このような高価な金属を使用していては，この価格で発売することは不可能である。

環境技術の切り札として燃料電池に期待が集まっている。燃料電池は水の電気分解の逆で，水素と酸素を化合した時に発生する電気を使って自動車を走らせることができる。また家庭用としては電気の他にお湯を供給できる。2009年5月からは"エネファーム"という共通のロゴの下にガス会社や石油精製会社などから発売されている。エネファームの出力は800w〜1kwであ

第2章　カーボンアロイ触媒の経緯〜白金をめぐる最近の事情〜

るのでPtの使用量は数グラムであり，全体の価格に対しての影響は相対的に少ない。しかし自動車に関しては6万回にも昇るスタート，ストップ及び5000時間の耐久性，さらに100kw以上の出力が要求されるので，現状の技術では車1台について約100gのPtが必要である。この値は当然のことながら車のサイズによっても異なり，小型車では30g程度である。貴金属の価格は2008年に起こったリーマンショックによって急落し，Ptについては一時3000円/g台になった。2009年後半には4800円/g台に戻している。この値段はインゴットのものであって，触媒に使用する時は2〜4nm程度の微粒子にして担持材料に付着させなければならない。このように考えると触媒だけで軽自動車が購入できるような価格になってしまうことが解るであろう。また1台当たり平均50gのPtを使用するとして，現状の自動車生産量に対してPt 1750トン必要となる。中国やインドのモータリゼイションを考えると排ガス触媒などに使用されているPtを回収するにしてもPtは不足する。埋蔵量調査によればPtはあと3万6000トン位しか地球上に存在していないとのことだ。その結果Ptはますます高価になりCO_2削減の切り札である燃料電池の登場は遠のくばかりになる。したがって安価で資源量に不自由しない，新規な白金代替材料の開発は社会的に急務である。

2　白金の触媒作用

　自動車の排ガス成分はハイドロカーボン（HC）0.03〜0.08%，一酸化炭素（CO）0.3〜1.0%，一酸化窒素（NO）0.05〜0.15%，水素（H_2）0.1〜0.3%，酸素（O_2）0.2〜0.5%，二酸化炭素（CO_2）12%，水蒸気10〜13%，二酸化硫黄（SO_2）0.002%，残りは窒素である。
　この値は空気と燃料を化学量論比で運転した時の代表的な組成であり，自動車を加速したり減速した時には大幅に変動する。CO，HC，H_2などに関しては，酸化してCO_2，H_2Oなどへの酸化的触媒作用が必要であるが，NOについては還元してN_2とH_2Oにしなければならない。したがってPtの他にPdまたはRhを添加しなければならない。
　燃料電池に関しては正負両極にPtが使用されている。負極触媒としてはPtの使用量を減少させるために合金が使われている。白金ルテニウム触媒がその代表例である。正極ではそのポテンシャルのために多くの金属が溶出してしまい触媒として使用することができない。したがってPtの微粒子が使われているが，これも0.9〜1.3V間でサイクルを行うとPtの溶出が起こり，MEA膜中に再沈澱しバンド状になる白金バンドと称する白金微粒子が帯状に存在する部位が観察されている。Ptですら燃料電池の正極では安定に存在し得ないのである。
　図3に家庭用固体高分子形燃料電池の原理図を示す。燃料電池には都市ガス（CH_4）やプロパンガス，灯油などが使用され，改質器で水と反応させて水素を製造する。水素ガスは燃料極（ア

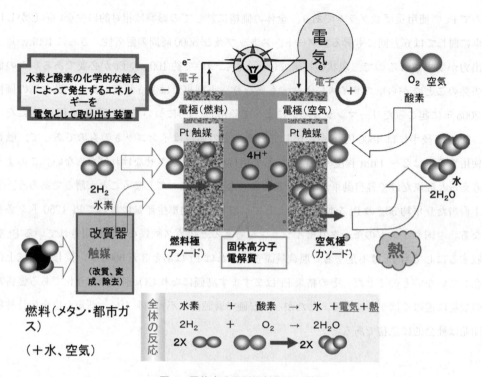

図3 固体高分子形燃料電池の原理

ノード）でPt系触媒によりプロトン（H^+）になり，電子は電極から空気極（カソード）へと流れる。電流は電子の流れと反対方向として定義される。一方プロトンはプロトン伝導体高分子膜（固体高分子電解質膜）を介してカソードへと移動する。電子の流れに対してプロトンの移動は極めて遅いので，プロトンの導電性の良否で実際に取り出せる電流量が決定される。したがって高いプロトン導電性及び膜自体を薄くできる強い強度を有する高分子電解質の開発が電池性能向上に大きな役割を果す。さらに触媒微粒子との接触が十分に行われ触媒上で生成したプロトンを容易に受け入れること。またカソード例ではイオン化された酸素とプロトンが反応して水が生成し易い場を作ることも重要である。Ptの固体，酸素ガスの気体，プロトン伝導体の液体の3相がうまく共存できる界面制御が性能発現において重要な由縁である。

アノードにおける反応は$H_2 \rightarrow 2H^+ + 2e$，カソードでは$O_2 + 4e + 4H^+ \rightarrow 2H_2O$となる。全体では$2H_2 + O_2 \rightarrow 2H_2O$と表現されるが，酸素分子1個に対して電子4個が必要なので，酸素の4電子還元と言われている。この時の理想的な発現電圧は1.23Vである。

さて触媒上で酸素分子はどのような状態になっているのであろうか。酸素分子はPt触媒上で2個の原子がPtと接触するように吸着する（サイドオン）。この時Pt原子の5d軌道と酸素の反結合軌道との重なりが起こりO＝O間の結合が切れ易くなる。この時アノードから供給された

第2章 カーボンアロイ触媒の経緯～白金をめぐる最近の事情～

電子及び膜を通過してきたプロトンが結合してOH⁻が形成され，更にプロトンが静電的な力により反応して水が生成すると考えられている。またプロトンは水に付加したH_3O^+，すなわちヒドロキシニウムイオンとなっていると考えられている。

酸素吸着の安易さはPt原子間の距離によっても異なる。Pt(110)面が適当な相互作用で吸着するので，その格子面の触媒作用が強くなる。一方Pt面が汚れたりして，酸素分子が横にならずに一方向だけ，すなわち片端だけでPt上に吸着することがある。この時は水よりも過酸化水素が生成し易くなる。この時酸素分子は2電子還元され発電電圧は0.7Vである。したがっていかに効率よく酸素の4電子還元を行うかが効率向上の鍵となるのである。

3　NEDOカーボンアロイ触媒プロジェクト

炭素は従来からダイヤモンド，グラファイトなど同素体が知られていた。しかし1990年にスモーリーなどが炭素原子60個から形成されるサッカーボール状の物質，いわゆるバリキーボールが発見された。それにカリウム（K）などをドープすると超電導を示すことから多くの研究者の興味を引き，C_{60}他多数の球状物質や球の中に金属原子を導入した物質など興味ある物性を示す炭素同素体が次々に合成された。またその後当時NEC基礎研究所の飯島らは中空で長い繊維状をした物質カーボンナノチューブ（CNT）の存在も明らかにした。CNTは先端が鋭いので電子放出が低電圧でも可能であり，この効果を利用した電界効果型ディスプレイの試作などがなされている。また結合によって半導性から高電導性まで電気伝導率を制御できる可能性がある。更には高分子物質を混合して分子補強効果を向上させると共に，電磁波吸収材として表面に白金を付着させた燃料電池用アノード触媒の可能性など，多方面からの応用が検討されている。

触媒作用についてはあまり知られていなかった。しかしカーボンが酸化触媒として働き蓚酸を分解することは遠く1925年にE. K. Redelらによって報告されている[1]。その翌年にはカーボン中に窒素原子を導入すると酸化触媒としての機能が増張されることを明らかにした[2]。その後研究報告が飛び，1966年～1972年にかけて燃料電池への応用がなされた[3~5]。当時はジェミニ宇宙船に燃料電池が搭載されたことによるのであろう。数多くの触媒材料が検索された中の一つであった。しかしながら開放端電圧が低くまた取り出せる電流値も少なく，かつ劣化率も大きいので，それ程注目されなくなった。1980年炭素材料をアンモニアガスを通しながら600～900℃で熱処理すると，酸化触媒効果が顕著になりシュウ酸の酸化分解作用をより促進すること[6]，またFe^{2+}や-CNを酸化すること[7]，亜硫酸を酸化して硫酸を生成することなどが明らかになった[8]。2006年に群馬大学の尾崎らは鉄やコバルトフタロシアニンとフラン樹脂を混合し熱処理すると，その処理温度によって酸素還元ポテンシャルが大きく変化することを見出した[9]。またそのカー

白金代替カーボンアロイ触媒

ボン素材を燃料電池の正極触媒として用いたところ,当時としては非白金触媒の中では最大の開放端電圧 0.8V,最大出力 $0.2W/cm^2$ を得,世界に注目された。米国エネルギー省もナショナルプロジェクトとして取り上げるに至った。この触媒は炭素骨格中に窒素などのヘテロ原子が共有結合で導入された化学構造を有していることから,我々はカーボンアロイ触媒(CAC)を命名した。当初 CAC はカーボン中に数%の窒素が含まれていることが元素分析により明らかにされていたが,炭素材料の構成要素であるグラフェンのどの位置に窒素が化学的に導入されているのか,またその働きはどのようなものかは全く明らかでなかった。また鉄やコバルトなどの金属の役割は何か,どのような高分子を熱処理すれば,より酸素還元特性の高い試料が作製できるのか,また酸素の吸着サイトと還元メカニズム,例えば酸素分子はサイドオン的か,エンドオン的に吸着されるのか,などである。

これらの諸問題を明らかにするために,窒素を含むプリカーサー高分子の合成に関しては東京工業大学の柿本雅明教授,カーボンアロイ触媒の化学構造決定及び鉄,コバルトなどの状態分析に関しては東京大学尾嶋正治教授,酸素還元メカニズム及びそのシミュレーション,CAC 電子構造の理論的解析については北陸先端科学技術大学院大学寺倉清之特別招聘教授,窒素を含むグラフェン一枚のモデル物質を作製し,実際に酸素分子がどの位置に吸着するかなどを走査トンネル顕微鏡などで明らかにすることを目的とした,東京大学斉木幸一朗教授。作製した試料の耐久性を明らかにする群馬大学尾崎純一教授,大量生産方式と触媒の長期保存性を検討する日清紡ホールディングス株式会社,窒素を含む高分子の立体規則性と CAC の機能を明らかにする帝人株式会社の協力を得て,新エネルギー・産業技術総合開発機構(NEDO)がナショナルプロジェクトを設立,中心研究場所を東京工業大学に設置した。その運営には日清紡ホールディングス株式会社による寄付講座が当たり,尾崎教授が兼任で東京工業大学の特任教授に就任している。その他には准教授として黒木重樹博士,難波江裕太特任助教らが,更に企業からの派遣研究員,ポスドクなどが CAC 開発に当たっている。その他に東京大学,東京工業大学の学生諸君にも協力してもらっている。

筆者は NEDO シニアプログラムマネージャーとして次世代技術開発部門に応募した尾崎准教授(平成 16 年当時)の研究成果に注目した。前節で述べたように炭素の触媒作用は 1925 年に最初の論文が報告されていたのだが,その情報は広く知られていなかったので,炭素に窒素を数%ドープした物質が本当に触媒作用を発現するのか,鉄やコバルトなどの金属が触媒作用を示しているのではないかなどの意見が出た。そこで塩酸などで残っている金属を溶質させ金属量が減少しても触媒機能が低下しないことなどを確かめる実験をお願いした。また当時非白金触媒の研究者で NEDO が研究支援をしている方々に集まってもらい,横浜国立大学の太田健一郎教授に座長をお願いして,それぞれ研究者の情報交換や酸素還元ポテンシャルの決定法などを検討しても

第2章　カーボンアロイ触媒の経緯～白金をめぐる最近の事情～

らっている。この会に尾崎准教授のカーボンアロイ触媒の提供をお願いし，太田教授にその機能を確かめて頂いた。このような背景のもとにカーボンアロイ触媒ナショナルプロジェクトが設置されたのである。中心研究者が整備され研究開発が開始されてまだ1年と数か月であるが，触媒性能の向上，化学構造の特性，理論的検討などの結果には目を見張るものがある。その一端を先に述べた研究者の方々によって執筆頂いた。

文　献

1) E. K. Redeal and W. M. Wright, *J. Chem. Soci.*, **127**, 1347, London (1925)
2) E. K. Redeal and W. M. Wright, *J. Chem. Soci.*, **128**, 1813, London (1926)
3) Mrha, *Coll. Czech. Chm. Comm.*, **31**, 715 (1966)
4) H. Böhm, Wissenchabul, Berichte AEG-Telefunken, **43**, 241 (1970)
5) G. Richter and G. Luft., 4th Internat:Symposium Fuel Cells, Antwerp (1972)
6) B. Tereczki, R. Kurth and H. P. Boehem, In Preprints Carbon '80, Internat. Carbon Conf., P218. Baden-Baden, FRG (1980)
7) A. Vass, Th. Stöhr and H. P. Boehm, In Proc. Carbon '86, Internl. Carbon Conf., p411. Barden-Barden, FRG (1986)
8) Brigitt Stöhr, H. P. Boehm and R. Schlögl, *Carbon*, **29**, 707 (1991)
9) 尾崎他, *Carbon*, **44**, 1324 (2006)

第3章 カーボンアロイ触媒の機能発現

尾崎純一*

1 炭素材料概論

　炭素材料とは炭素原子を主体とする固体材料であり，これは有機物の熱分解により得られる。身の回りを見ても，冷蔵庫の脱臭剤，水道の浄化装置，乾電池の電極，タイヤの補強材，釣竿，ラケット，自転車などのスポーツ用品など，多くの製品の中で炭素材料が使われていることに気がつくであろう。また，ハイテク分野においては，スペースシャトル，航空機の構造部材，そして電気自動車の心臓部であるリチウム電池の電極としても使われており，我々人類の豊かな生活を支えている基幹材料であるといえる。

　Cという一つの元素からなる材料であるのにもかかわらず，国内には1000人もの会員を擁する炭素材料学会がある。また世界に目を向ければ毎年欧州，米国，アジアの持ち回りで開催される国際炭素材料会議があり，ここには毎年600人前後の炭素材料に関わる研究者が参集し，ほぼ5日間に亘り，4会場のパラレルセッションが繰り広げられる。このように，炭素材料は多くの科学者，技術者の興味をひきつけるものである。

　本節では著者の感ずる炭素材料の魅力について述べる。本稿で炭素材料と称する場合，主としてsp^2混成炭素原子からなる材料，いわゆる「炭」をイメージして欲しい。炭素材料の調製は有機化合物を，酸素を断った条件下で加熱することでなされる。

1.1 炭素化の化学

　さて，身の回りにあるプラスチック，木材などいわゆる有機化合物を加熱したらどうなるだろうか。もちろん，上に述べたように空気を遮断しての話ではあるが。この加熱の過程において有機物は熱分解するのである。まず，有機分子中の不安定な部分が分解しガス成分が脱離してくる。一方，分解できるガス成分が脱離し液状もしくは固体状の成分が残る。液体もしくは固体という凝縮相であるということから，これらは比較的分子量が大きく高沸点の化合物である。加熱とともに，これらの化合物は環化，芳香族化，重縮合といった反応を行い，結果として環状構造が徐々に形成されてくる。この過程はおおよそ600℃程度までに起こりこれが炭素前駆体となる。この

---

*　Jun-ichi Ozaki　群馬大学　大学院工学研究科　環境プロセス工学専攻　教授

第3章 カーボンアロイ触媒の機能発現

段階で，生成物はもはや不融不溶の固体となる。多くの有機化合物はここまでに大きな重量減少を示し，固体成分が残る。

さらに加熱を続けてみよう。すると，固体成分を形成している芳香環の水素原子の脱離，それにより引き起こされる芳香環の重縮合が進み，広がったπ電子共役系が形成されていく。このプロセスは1000℃程度までに起こり，これを「炭素化過程」と呼ぶ。筆者が対象としている炭素系カソード触媒は，この炭素化過程を制御することにより調製されるのである。さらに加熱を続けていくと，共役系の整列つまり黒鉛に特有の積層構造の形成が起こる。原料有機化合物に依存するが，およそ3000℃で黒鉛結晶へと転化する。これを「黒鉛化過程」という。

1.2 カーボンアロイ

さて，この本のタイトルともなっている「カーボンアロイ触媒」[1]という名称であるが，これは第1章で安田榮一教授が解説しておられるように，科学研究費補助金（科研費）の特定領域研究で用いられた名称「カーボンアロイ」[1]に因んだものである。カーボンアロイ触媒の源流は，著者が四半世紀に亘り研究してきた機能性炭素材料にある。現在，この本のタイトルと同じ名称のプロジェクトがNEDOにより進められており，著者もその一員となっている。このプロジェクトの発足にあたり，本書の監修者である宮田清藏NEDOシニアプログラムマネージャーからの要請に対してこの名称を提案し，尾嶋正治東大教授と寺倉清之北陸先端科学技術大学院大学特別招聘教授にも同意を得て命名したものである。アロイという言葉が合金であるという図式が出来上がっているため，なかなか市民権を得ることができないが，それでもなおHeterogeneity（異質性）を炭素材料に持ち込むことにより，新しい機能性材料を作ることができるということを表現するという点では，よい表現であると確信している。

1.3 炭素材料の難しさとカーボンアロイ

有機化合物と炭素材料の化学構造を比べてみよう。前者は直鎖，枝分かれ，環状など多様な構造をとるのに対し，後者は六角芳香族網面を基本としている。つまり，原料と生成物の間には大きな断絶がある。筆者は，これを昆虫の成長になぞらえて，炭素化過程は蛹の状態であると表現している。例えばカブトムシをみると，幼虫（原料有機化合物）と成虫（炭素材料）は全く異なる形態をしている。この二つの状態の間には蛹という状態がある。これが炭素化過程である。

このままでは，炭素材料を作ることは，ある意味神頼みとなってしまい，とても機能性炭素材料を得ることなどできない。そこで，二つの方法が考えられる。一つは，炭素化の過程を制御してその調製の段階から望みのものを作ってしまうということ，もう一つはでき上がった炭素に処理を施して目的にあった機能性を引き出すということである。前者の例としては，カーボンアロ

イ触媒の中核をなすナノシェル炭素である。これは，金属を炭素原料系に導入することで，その金属触媒の持つ炭素化制御能を利用し得られるものである。また，後者の例としては，異種元素のドーピングや新しい表面を作り上げて行く賦活が挙げられよう。著者は学生時代よりの四半世紀，一貫してこの問題に取り組んできてようやく一つの実用材料への道筋を見出すことができた。

上述の機能性炭素材料を作るための二つのアプローチでは，いずれも炭素以外の元素の力を借りている。それにより，通常では得られないような構造の炭素が得られたり，異種元素そのものが埋め込まれたり，さらには触媒として作用する際に重要な役割を果たすであろうポア構造が導入されたりしている。つまり，これはカーボンアロイの考え方そのものであるといえる。それゆえ，炭素を我々の望みの物性を持つ材料に仕立て上げることは非常に難しいことではあるが，これはカーボンアロイという概念を用いた手法により実現することができると考えられるのである。特に触媒機能の発現を考えたとき，この概念に基づいて調製された材料をカーボンアロイ触媒と呼びたい。

2　異種元素導入による炭素の物性制御

カーボンアロイという言葉よりすぐに連想されるのが，この異種元素の導入であろう。炭素を作るという観点からは，いかに原料中に存在する異種元素を除去して純粋な炭素を得るかの研究の方が重要な課題であった。たとえば，硫黄の問題がある。石油系原料であるピッチより炭素を作る際に，原料由来の硫黄分が混入する。これは，加熱過程において脱離し膨れ（パフィング）という現象を引き起こすことが知られている。また，ポリアクリロニトリル（PAN）は，航空宇宙産業や自動車産業で今後利用の拡大が見込まれているカーボンファイバーの原料の一つであるが，最終製品中に含まれる窒素の量を減らすために高温での熱処理が施されている。

一方，積極的に異種元素を導入し，炭素の構造を変化させようという研究の代表例としては，グラファイトへのホウ素の添加による結晶性向上である。グラファイトの002面間距離は3.354Åであるが，ホウ素を添加しそれを焼成することにより，さらに面間距離の小さな黒鉛構造の形成されることが報告されている[2]。

カーボンナノチューブ（CNT）はグラファイト結晶の六角網面一枚を取り出し，これをロール状に巻き上げたものである。このときの巻き上げ方の幾何学に依存して，得られるCNTの電気的特性が金属的であるか，それとも半導体的であるかが決定される[3]。これをうまく制御することで，CNTを用いたナノエレクトロニクスという新しい分野が形成されるのではないかという期待の下，検討がなされてきた。その中で，炭素という元素がケイ素と同じ14族元素である

第3章 カーボンアロイ触媒の機能発現

ことから，13族もしくは15族元素のドーピングによる価電子制御が検討された。ホウ素および窒素は，炭素と同じ第2周期に属しており，その原子半径も近いことから六角網面に固溶置換するものと考えられ，検討がなされてきた。特に，窒素については理論および実験的な集積がなされている。しかしながら，導電性そのものについても窒素ドープが果たして増加をもたらすのか，それとも減少をもたらすのかについては，論文によっても異なる結論が得られている[4~7]。これらのドープは，炭素六角網面が平面であり，そこに過剰電子もしくは正孔が導入されるという前提で，導電性に影響を及ぼすことになるが，CNTに窒素を導入することにより，その構造に乱れが発生し，竹の子の節のようになる，いわゆるコンパートメント構造の形成が起こることから考えて，窒素導入がCNTの導電性に及ぼす影響に対しての統一的な見解が得られていないものと考えられる。

第3周期の15族元素としてリンがある。Marinkovicは黒鉛化に及ぼすリン元素の影響を検討している[8,9]。さらに，今村らはリンを組み込んだフェノール樹脂を調製し，その炭素化・黒鉛化特性に及ぼす影響を検討している[10]。なお，今村は，リン酸酸性によるアミン類の除去機能を有する活性炭素繊維を目標としての検討を行っているものである[11]。

3 触媒黒鉛化

1.1項に紹介したように，黒鉛構造は3000℃程度の高温で熱処理することにより形成されるのが一般的である。しかしながら，ある種の元素を共存させることにより，それが触媒的に作用し，より低温，たとえば1000℃程度でも結晶構造の発達する場合がある。これを称して触媒黒鉛化という。

この現象を説明する前に，炭素がその黒鉛化特性に応じて二分されることを記しておく。つまり，いかなる炭素も3000℃まで加熱することで黒鉛構造に転換されるのではない。黒鉛構造に転換される炭素を易黒鉛化性炭素，そしてされない炭素を難黒鉛化性炭素と呼ぶ。これら2種類の炭素構造は，すでに1000℃程度の熱処理において相違が現れている。つまり，透過型電子顕微鏡で見たときに，前者は平行に近い状態でそろった炭素六角網面を示すのに対し，後者はランダムな配列をしたそれを示すのである。

一般に，易黒鉛化性炭素はピッチなどのディスコティック液晶状態を経由し炭素化する原料より得られ，この中間段階での移動性が高温処理後の結晶性に影響を与えているのである。これに対して，難黒鉛化性炭素はフェノール樹脂などの非溶融性の架橋高分子より得られるものであり，液晶状態を経由しないのは芳香族ユニットを結びつける架橋構造のため，易動性が阻害されているためであると説明されている。このように，炭素材料の調製に当たっては高分子の選択が

重要であるし，逆に言えば中間構造および熱処理最終生成物の構造は，原料如何で定まってしまうのである。これに対して，構造制御の手段を与えてくれるのが触媒黒鉛化なのである。

大谷とMarshは種々の金属元素をフェノール樹脂炭素化物に添加し，それを再加熱したときに起る変化をXRDより検討している[12]。彼らの研究によると，金属添加の効果は3つに分類されることになる。すなわち，A-効果，G-効果そしてTS-効果である。図1に各効果がどのようにX線回折図形上に反映されるかを示す。また，図2には周期表上にどの効果が現れるかを示したものである。黒鉛化を促進させるG-効果およびTS-効果は，いわゆる鉄族遷移金属に見られることが分かる。

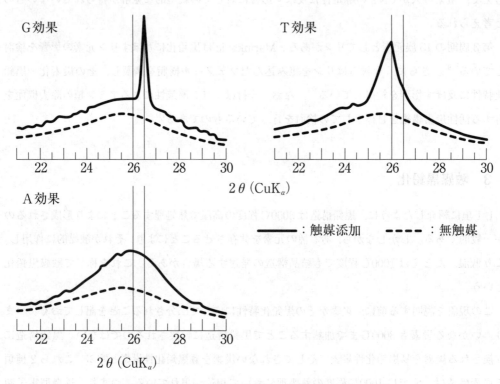

図1　触媒黒鉛化の種類とそれらのX線回折図形への影響

Ⅰa	Ⅱa	Ⅲb	Ⅳb	Vb	Ⅵb	Ⅶb	Ⅷ			Ⅰb	Ⅱb	Ⅲa	Ⅳa	Va	Ⅵa
Li	Be											B	C	N	O
Na	Mg											Al	Si	P	S
K	Ca	Sc	Ti	V	Cr	Mn	Fe	Co	Ni	Cu	Zn	Ga	Ge	As	Se
Rb	Sr	Y	Zr	Nb	Mo	Tc	Ru	Rh	Pd	Ag	Cd	Ln	Sn	Sb	Te
Cs	Ba	La	Hf	Ta	W	Re	Os	Ir	Pt	Au	Hg	Tl	Pb	Bi	Po

図2　触媒黒鉛化作用を有する元素

第3章 カーボンアロイ触媒の機能発現

　G-効果およびTS-効果発現のメカニズムとしては，二つの説が提案されている。一つはカーバイド形成・分解説，もう一つは炭素の金属への固溶・析出説である。各説の概念を表す図を図3に示す。このように触媒によってより構造の発達した炭素材料が形成されることは，熱力学を考えることにより理解できる。図4には炭素化反応に対する自由エネルギー変化の温度依存性を示す[12]。実線は易黒鉛化性炭素に対する曲線であり，破線は難黒鉛化性炭素の場合である。これにより，難黒鉛化性炭素は易黒鉛化性炭素に比べて高い自由エネルギーを有していることが表現されている。しかしながら，上述のように難黒鉛化性炭素は架橋構造を有しているために黒鉛構造の発達へとは結びつかない。つまり，熱力学的には黒鉛構造に移行しようとするが，反応速度論的にその進行が妨げられている。これを進めるのが添加金属である。いずれの説においても，熱力学的活量の大きな炭素が，触媒金属とカーバイドを形成するもしくは固溶体を中途段階で形成し，これが分解もしくは過飽和析出することにより，より構造の整った炭素が形成されるのである。

　固溶・析出説の考え方は，触媒金属上への炭素析出と共通である[13,14]。炭素析出とは，石油精製などの有機物の触媒プロセスにおいてニッケル系触媒や鉄ベース反応器材料上に炭素が析出する現象である。これにより触媒の失活や伝熱抵抗の増大がもたらされ，負の効果として認識されている。その一方で，この効果はカーボンナノチューブや気相成長炭素繊維（VGCF）の製造に応用されている。図5に，Bakerらにより提案されている炭素析出機構を示す[15]。触媒金属を先端に擁して成長していく先端成長機構と，根元に残して成長していく根元成長機構が提案されており，これらは金属の種類に依存することが知られている。

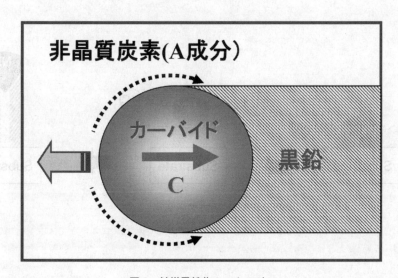

図3　触媒黒鉛化のメカニズム

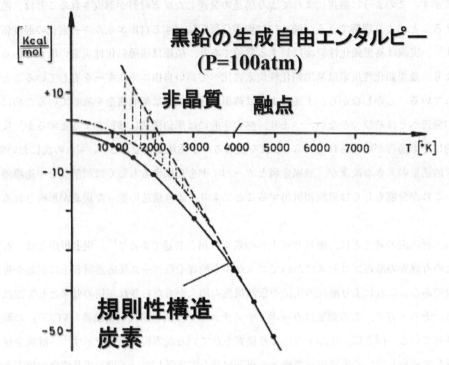

図4 触媒黒鉛化の熱力学

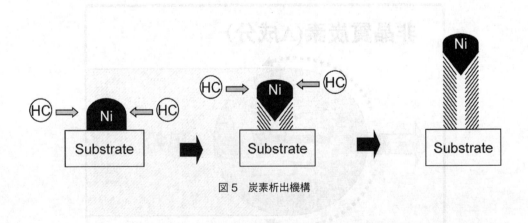

図5 炭素析出機構

第3章　カーボンアロイ触媒の機能発現

4　ヘテロカーボン

グラファイトと類似の六角網面は，周期表上炭素の両隣に位置するホウ素と窒素の組み合わせでも得られる。つまり，六方晶窒化ホウ素（h-BN）である。この化合物の結晶構造を図6に示す。同図に示したグラファイトの結晶構造は，六角網面の構造が完全に重なっていないABAB積層を示している。これに対して，h-BNの六角網面は完全に六角網面が重なるようになっているという違いがある。ただし，このとき上下の六角網面を見比べてみると，窒素原子の上下にはホウ素が来ている。

さて，このようにC-Cの結合単位（-C＝C-）と，B-Nの結合単位（-B＝N-）はどちらも電子的に等価なものであり，互いに置換可能である。このようなグラファイトとh-BNの類似性に着目したB/C/N化合物が古くより興味が持たれている。川口は，この化合物が半導体的特性を持ち，かつグラファイトのようにインターカレーション化合物を形成する能力を有することを指摘している[16]。

このようなB/C/N化合物の合成には，グラファイトへの異種元素の固溶置換といった物理的手法では実現が困難であり，気相法（CVD法），熱分解法，そして固気反応を用いる方法といった化学反応を用いる手段が一般的である。例えば，炭素繊維原料として知られているポリアクリロニトリルをBCl_3中で反応させることによりBC_3Nを合成する方法や[17]，アクリロニトリルモノマーとBCl_3を直接気相で反応させBC_3NもしくはBC_6Nを合成するCVD法[18,19]が川口らにより提唱されている。図7には，川口ら[20]により提案されたBC_6Nの面内推定構造を示す。

B/C/N化合物の用途として，Liイオン二次電池負極や電気化学キャパシタ電極といったエネ

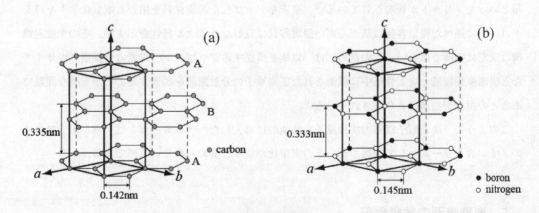

図6　結晶構造
(a)黒鉛，(b)六方晶窒化ホウ素
（大阪電気通信大学　川口雅之教授のご好意による）

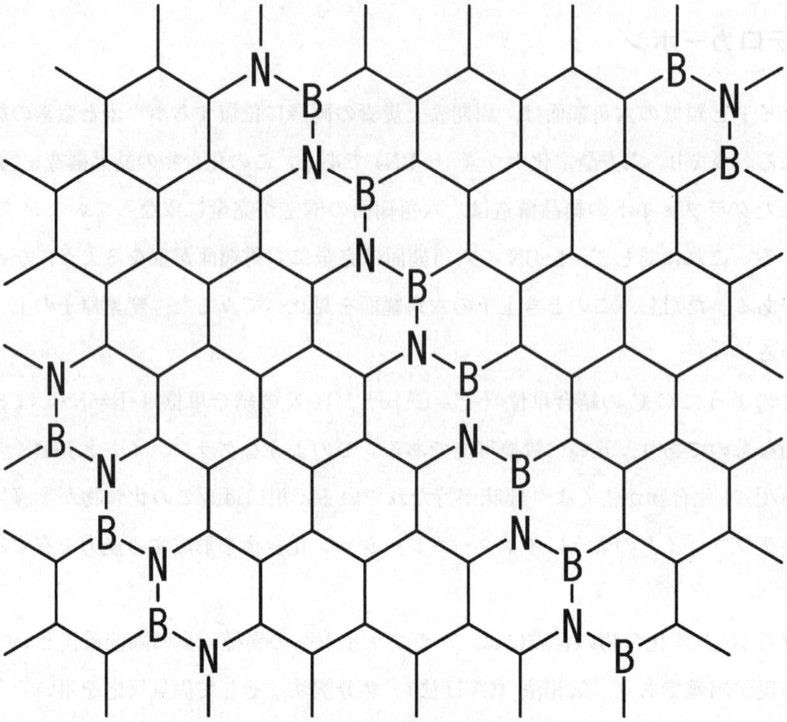

図7 BC$_6$N組成の材料の面内推定構造
線の接合部には炭素原子が存在
(大阪電気通信大学 川口雅之教授のご好意による)

ルギー変換デバイスの主要な材料としての応用も検討されている。前者においては，インターカレーションによる体積膨張が少ないこと，後者においては擬似容量に基づく大きな静電容量の実現といったメリットが報告されている[16]。窒素をドープした炭素材料を用いる電気化学キャパシタは，上に述べた擬似容量に基づく高い静電容量は良好なサイクル特性を示すが，その充放電機構は未だに明確ではない。このためには，電極を構成するグラフェン（炭素六角網面）のサイズなど炭素微細組織と炭素骨格中に置換された窒素原子の分散配置を制御することが重要な課題であるとの指摘が羽鳥によりなされている[21]。

このように，炭素原子以外の異種原子を積極的に導入したヘテロカーボンは，カーボンアロイのメインストリームとして認識され，その実用化が着々と進められているのである。

5 炭素表面の触媒作用

炭素材料は熱的および化学的に安定であり，さらに活性炭に代表されるように大きな比表面積

第3章 カーボンアロイ触媒の機能発現

を有するため担持金属触媒の担体として用いられてきた。活性炭は細孔を有する多孔性炭素材料であるため,金属触媒の担体として利用されてきた。例えば,活性炭担持パラジウム触媒はブタジエン,酢酸および酸素から1,4-ジアセトキシブテンの工業的合成に用いられている[22]。これらは,この炭素材料の化学的安定性と高比表面積であるという特質を生かしたものであるが,直接に炭素表面の触媒作用を利用した例も数多くある。稲葉によれば,活性炭の触媒としての性能は,①表面化合物の種類や量,②活性炭を構成するグラファイト系微結晶の結晶化の程度とその大きさ,③その微結晶の集合状態,④炭素以外の微量金属成分により決定されると考えられている[23]。表1に活性炭を触媒とする工業的な反応例を示す。多岐に亘る反応に対して,活性炭が触媒機能を発現することが分かる[23]。

パルプ製造の大半を占めるクラフトパルプ法のプロセスでの利用もなされている[23]。この方法では,原料となる木材チップに水酸化ナトリウムと硫化ナトリウムを主成分とする白液を加え蒸解することにより繊維を取り出す。この繊維はパルプとして紙の原料とされる。一方,木材には繊維のほかにリグニンなどの物質が存在しており,これらは白液中に溶け出し廃液である黒液が得られる。ここで発生した黒液は蒸留により濃縮され燃料として利用されるが,その残渣であるスメルト(緑液)より白液を再生させることが行われている。このとき繊維以外のリグニンなどの物質は白液中に抽出される。白液に添加されカルボニル基を分解する作用を有するのがポリサルファイド Na_2S_x ($x=2〜5$) であり,元素硫黄を白液に添加することにより,以下の反応で形成される。

表1 活性炭を触媒とする工業反応

①ハロゲンを含む反応	ホスゲン,塩化シアヌール製造,トリクレン・パークレン製造反応,フッ素化反応,塩化・フッ化スルフリールの製造,アルコールの塩素化反応,エチレンから塩化エタンを製造する塩素化反応
②酸化反応	硫化ナトリウムから多硫化物を製造,亜硫酸ガスから硫酸を製造,硫化水素から担体硫黄を製造,一酸化窒素の酸化,シュウ酸の酸化,アルコールの酸化
③脱水素反応	パラフィンからオレフィンを製造,シクロパラフィンから芳香族を製造する脱水素反応
④還元反応	オレフィン・ジオレフィンの還元反応,カルボニルの還元によるカルビノール製造,油脂の水素化,芳香族カルボン酸の還元,過酸化物の分解,一酸化窒素のアンモニア還元
⑤単量体の合成	塩化ビニルモノマー合成,酢酸ビニルモノマー合成
⑥異性化反応	ブタジエンの異性化反応,クレゾールの異性化反応,ロジン・油脂などの異性化
⑦重合	エチレン,プロピレン,ブタジエン,スチレン
⑧その他	アルコールの脱水,重水素交換

$$Na_2S \rightarrow Na_2S_x \rightarrow Na_2S_2O_3$$

これは酸化反応であるが，チオ硫酸ナトリウムまでの酸化が進行しないように抑える必要がある。この $Na_2S \rightarrow Na_2S_x$ の反応を促進させ，木材チップ蒸解に有利な物質を製造するのに活性炭触媒が用いられている。この触媒としての機能を持つ触媒には，① 10nm 以上の細孔を多く有し，酸素や S^{2-} の拡散がスムーズであること，② S^{2-} と O^{2-} の電子授受を媒介する電気伝導性を有すること，③濃アルカリ性の蒸解液に耐えること，という特性が要求されており，これを満たすものとして活性炭触媒が用いられている。

炭素が酸化触媒として働く例が多く報告されている[24]。以下に例を挙げる。分子酸素やハロゲンの関わる酸化反応の促進作用：Cl_2 と CO からのホスゲン製造，Cl_2 と SO_2 からの塩化チオニルの製造があり，これらは工業的に用いられている。学術的レベルでは，②環境汚染物質である H_2S や SO_2 の酸化的分解反応，③シュウ酸の酸化，④ H_2SO_3 の酸化反応などの応用が検討されている。これらの反応に対しては，窒素の導入が反応，特に O_2 の関わる酸化反応を促進することが知られている。

6　酸素還元活性

電気化学的な酸素還元反応には，(1)式で表される二電子反応経路と，(2)式で表される四電子反応経路がある。

$$O_2 + 2H^+ + 2e^- \rightleftarrows H_2O_2 \quad \cdots\cdots(1)$$

$$O_2 + 4H^+ + 4e^- \rightleftarrows 2H_2O \quad \cdots\cdots(2)$$

二電子反応の標準電位は酸性条件下で 0.67V，四電子反応のそれは 1.23V である[25]。燃料電池のカソード反応としての酸素還元反応を考える場合，より高い電位を与える四電子反応経路の方が望ましい。また，1 mol の酸素分子を基準に考えると，二電子経路の場合 2 mol の電子が，一方，四電子経路の場合，4 mol の電子が，それぞれ反応に関わることになる。そのため，酸素 1 mol 当たりの発電効率は，上に述べた電位と相俟って四電子反応経路の方が優れていることになる。さらに，二電子経路で形成される過酸化水素は強力な酸化剤であり，カーボンの腐食や電解質膜の劣化などの望ましくない結果をもたらす。そのため，燃料電池反応では四電子経路による酸素還元が望まれている。

炭素材料と酸素還元反応の関わりには3つの形態があると考えられる。第一は白金触媒の担体

第3章 カーボンアロイ触媒の機能発現

として,第二は非白金系錯体触媒の原料として,第三は炭素それ自体が触媒として,それぞれ役割を果たすというものである。

　白金触媒の担体としてはカーボンブラックが用いられる。その表面に白金化合物もしくはそれより調製したコロイド粒子を析出担持させ触媒が得られている。このとき担体炭素表面の結晶状態や表面官能基により,その担持状態ひいてはその触媒作用も変わる。カーボンアロイ的な観点から興味の惹かれるのは,表面に窒素を導入した炭素担体である。この担体を利用することにより高耐久性の担持白金触媒を得ることができる[26]。

　第二のカテゴリーである非白金系錯体触媒は,導電性を有するカーボン上に電気化学的な機能性を有する分子を担持した電極触媒である。1964年JasinskiはコバルトフタロシアニC分子が酸素還元活性を示すことを報告した[27]。Yeagerらは大環状遷移金属錯体をカーボン上に担持することで,酸素還元活性が増大することを見出している[28]。JahnkeらはN_4-錯体と呼ばれる大環状遷移金属錯体をカーボン上に担持し,さらに熱処理を加えることで,持続する活性の得られることを見出している[29]。この流れは図8に示すようなN_4-M錯体系触媒研究の大きな流れの源流となっている。白金ではない元素の化合物もしくはその熱処理物の活性は何に基づくのか,その答を探す研究が1970年代より行われてきた。Martines-AlvenisらはN_4-M錯体の熱分解により形成される微細な金属微粒子が活性点であろうと考えた[30]。Dodeletの率いるグループはN_4-M錯体が,その熱分解過程において担体炭素と化合して表面金属錯体が形成され,それが活性点であるとしている[31]。この考え方は非常に根強く,現在でも活性点に対する主要な仮説として議論されている。錯体が熱分解する際に特殊な炭素が形成され,それが活性点となるとの考えが示されたが,それ以上の進展は見られなかった。筆者の研究については,第4章および第5章で詳細を示すが,それは炭素自体が活性点を形成するという大胆なものであり,その後,炭素表面が活性点であると考える論文が増えてきた。Maldonadoら[32]およびMatterら[33]は炭素の構造欠陥が活性点であるという主張をしており,また,Gongら[34]も炭素自体に活性の本質を求めている。d電子を持たない炭素が白金と同様の触媒作用を持つのはなぜか? これについては,尾嶋教授のグループによる高輝度放射光を用いる電子分光および寺倉教授のグループによる第一原理量子力学を用いる計算科学により本質の解明が進められている。第6章1と第7章1に各グループの最新の結果が記載されており,参照されたい。

　炭素が酸素還元活性を持つのは確かな事実であるが,これまで修飾電極以外では四電子経路を実現できず,二電子経路を促進するものとして捉えられており,炭素を燃料電池の触媒に用いるという発想はなかった。しかしながら,アルカリ水溶液系における酸素還元反応に関しては,炭素の物性と反応活性についての検討がなされている。以下,この研究について概略を示す。Kim Kinoshitaの著書"CARBON Electrochemical and Physicochemical Properties"は,炭素の電

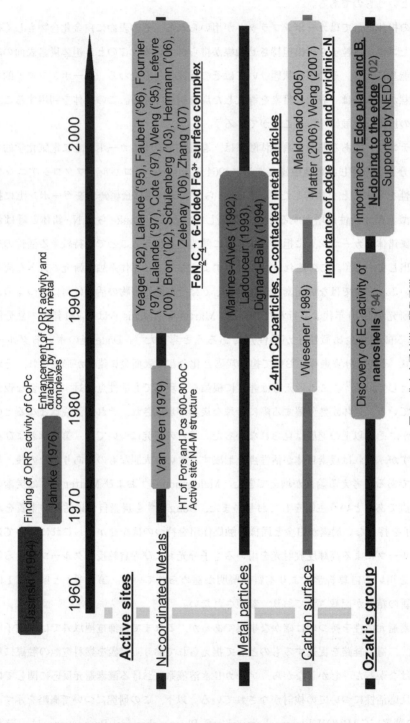

図8 非白金系触媒の開発系譜

第3章 カーボンアロイ触媒の機能発現

気化学的特性について簡潔にまとめられている好著である[25]。

　黒鉛は，炭素原子からなる六角網面が積層した構造をとるため，ベーサル面とそれに対して垂直なエッジ面の二種類の表面を有する。これら二種類の表面における酸素還元活性および過酸化水素の分解活性が検討された。その結果，ベーサル面よりもエッジ面の方がこれら二つの反応に対して2〜3桁高い反応速度を示した。この差は酸素の吸着サイトがエッジ面に多いためと考えられている[35]。

　炭素は酸化力を持つ酸もしくは電気化学的分極により酸化され，その表面に官能基が導入される。ガラス上炭素を硝酸もしくはクロム酸で処理することにより酸素還元活性は向上するが，一方，0.1〜0.5V vs. Hg/HgOで電気化学的に処理をすると活性は低下する。Zhangらはquinone構造の導入が酸素還元を促進することを報告している[36]。しかしながら，電気化学的にはquinone構造は形成されにくく，活性向上は認められなかった。

　比表面積2〜1000m^2/gを有する活性炭とカーボンブラックについて，その酸素還元電流密度と比表面積の関係が検討されている。低比表面積（<100m^2/g）では両者の間には比例的な関係が成立しているが，それ以上ではレベルオフする傾向が見られている[37]。この傾向は高比表面積を与える活性炭で顕著であり，炭素の全比表面積が反応に関わるのではなく，一部関与できない表面のあることを示している。

　以上のように炭素の酸素還元活性には，表面の結晶状態，官能基，そして細孔構造が大きく関与していることが分かる。しかし，これらの活性は実用的には無視されるほどのものであった。

7　終わりに

　大谷杉郎先生の著書[38]によると，人類が意識的に炭を用いたのは遡ること30万年前のことだそうである。炭といえば燃料と第一に思いつくだろうが，いまや炭素材料として自転車，ゴルフクラブなどのレジャー用品から始まりスペースシャトルまで広く用いられている材料となっている。しかしながら炭素材料の化学的特性を積極的に用いて，次世代のエネルギーデバイスとして注目されている固体高分子形燃料電池の触媒として働き，その実用化を期待させるものであることが分かったのは，ここ数年の間の出来事である。炭素材料は古い材料であるが，そのもの自体が進化を遂げ，新しい側面を常に見せてくれる材料である。このような側面を本章で感じ取っていただけただろうか。

文　献

1) Y. Tanabe, E. Yasuda, *Carbon* **38**, 329-334 (2000)
2) 宮崎憲治，吉田久良，小林和夫，炭素，No.128, 2-6 (1987)
3) P. J. F. Harris, Carbon Nanotubes and Related Structures, Cambridge University Press (1999)
4) M. Terrones, P. M. Ajayan, F. Banhart, X. Blase, D. L. Carroll, J. C. Charlier, *et al. Appl Phys.*, **A 74**, 355-61 (2002)
5) H. S. Kang, S. Jeong, *Phys Rev.*, **B 70**, 2334111 (2004)
6) M. Kawaguchi, *Adv Mater*, **9**, 615-25 (1997)
7) J. Kouvetakis, T. Sasaki, C. Shen, R. Hagiwara, M. Lerner, K. M. Kishinan, *et al.* Synth Met, **34**, 17 (1990)
8) S. Marinkovic, C. Suznjevic, A. Tukovic, I. Dezarov, D. Cerovic, *Carbon*, **11**, 217 (1973)
9) S. Marinkovic, C. Suznjevic, A. Tukovic, I. Dezarov, D. Cerovic, *Carbon*, **2**, 57 (1974)
10) R. Imamura, K. Matsui, S. Takeda, J. Ozaki, A. Oya, *Carbon*, **37** 261 (1999)
11) R. Imamura, K. Matsui, J. Ozaki, A. Oya, *Carbon*, **36**, 1243 (1998)
12) Oya, A., Marsh, H., *J. Mater. Sci.*, **17**, 309 (1982)
13) Y. Nishiyama, 石油学会誌, **17**, 454 (1974)
14) Y. Nishiyama, Y. Tamai, CHEMTECH, 1980, 680 (1980)
15) R. T. K. Baker, *Carbon*, **27**, 315 (1989)
16) 川口雅之, セラミックス, **43**, 86 (2008)
17) M. Kawaguchi, *et al. J. Chem. Soc. Chem. Commun.*, 1133 (1993)
18) M. Kawaguchi, *et al. Chem. Mater*, **8**, 1197 (1996)
19) M. Kawaguchi, *et al. J. Phys. Chem. Solids*, **67**, 1084 (2006)
20) 川口雅之他，炭素，**195**, 365 (2000)
21) 羽鳥浩章, セラミックス, **43**, 96 (2008)
22) Klaus Wissenmel, Hans Jurgen Arpes, Industrial Organic Chemistry, 3rd Ed. p.101, Wiley-VCH (1997)
23) 稲葉隆一，活性炭の応用技術〜その維持管理と問題点〜，立本英機，安部郁夫監修，第5章，2000年，テクノシステム
24) B. Stohr, H. P. Boehm, R. Schloegel, *Carbon*, **29**, 717-730 (1991)
25) K. Kinoshita, Carbon-Electrochemical and Physicochemical Properties, John Wiley & Sons (1980)
26) Y. Chen *et al. Electrochem. Commun.*, **11**, 2071 (2009)
27) R. Jasinski, *Nature*, **201**, 1212-13 (1964)
28) J. Zagel, P. Bindra, E. Yeager, *J. Electrochem. Soc.*, **127**, 1507 (1980)
29) H. Jahnke, *Top. Curr. Chem.*, **61**, 133 (1976)
30) Martines-Alvenis *et al. J. Phys. Chem.* **96**, 10898 (1992)
31) J. Fournier, G. Lalande, R. Cote, D. Guay, J. P. Dodelet, L. T. Weng, P. Bertrand, *Electrochim. Acta.*, **42**, 1397 (1997)

32) S. Maldonado, *et al. Phys. Chem.*, **B108**, 11375 (2004)
33) P. H. Matter, *et al. J. Catal.*, **239**, 83 (2006)
34) K. Gong *et al. Science*, **323**, 760 (2009)
35) I. Morcos, E. Yeager, *Electrochim. Acta*, **5**, 953 (1970)
36) Z. W. Zhang, D. A. Tryk, E. B. Yeager, in Proceedings of the Workshop on the Electrochemistry of Carbon, S. Sarangapani, J. R. Akridge, B. Shumm, Eds. The Electrochimical Society, Penmington, NJ 1984, p.158
37) A. J. Appleby, J. Marie, *Electrochim. Acta.*, **24**, 195 (1979)
38) 大谷杉郎, 炭素-自問自答, 裳華房 (1997)

第4章　カーボンアロイ触媒の作製法

1　ナノシェル炭素

1.1　ナノシェルの構造的特徴と電気化学的性質[1~7]

尾崎純一*

1.1.1　構造的特徴

　筆者らのグループが発見した，炭素材料が酸素還元活性をもつための要件の一つであるナノシェルは，図1に示したSEM像およびTEM像よりわかるように，中空かご形のナノ構造炭素である。最も単純なナノシェルの調製は，フラン樹脂やフェノールホルムアルデヒド樹脂といった熱硬化性樹脂に鉄やコバルトなどの遷移金属錯体を練り込み，それを炭素化するものである。遷移金属錯体を導入しない場合，フラン樹脂やフェノールホルムアルデヒド樹脂の炭素化物は典型的なアモルファス構造をとり，図1に示したようなナノシェル構造は得られない。このことからも，添加した金属元素が自己組織化的にこのような高次構造を作るものであることが理解できる。

1.1.2　電気化学的性質

　熱硬化性樹脂の一つであるポリフルフリルアルコールとフェロセンの混合物を炭素化して得られたナノシェルを作用極とし，フェリシアン化物イオンの電気化学的酸化還元挙動を検討した。

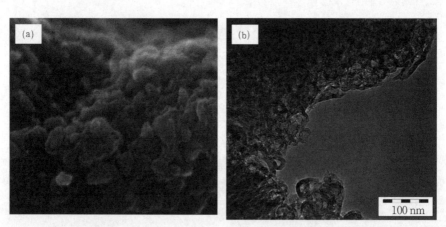

図1　典型的なナノシェルの電子顕微鏡像
(a) FE-SEM像，(b) TEM像。両者とも同じスケールで表示してある。

＊　Jun-ichi Ozaki　群馬大学　大学院工学研究科　環境プロセス工学専攻　教授

第4章 カーボンアロイ触媒の作製法

この検討において,ナノシェルの発達とともに電極表面と酸化還元種の間の電荷移動速度が高くなり,その速度は白金板電極のそれに匹敵するものであることが示された。以来,白金電極に匹敵する性能を有するナノシェル炭素を利用できる場面を探し,現在行っている燃料電池カソード触媒への応用にたどり着いたのである。

1.2 ナノシェルの酸素還元活性

ナノシェルを調製するにあたって,遷移金属錯体が必要なことはすでに述べた。固体高分子形燃料電池(PEFC)のカソード反応である酸素還元反応に対するナノシェルの活性は,同じ金属元素を用いたとしてもその錯体を構成する配位子により変わり,窒素原子を含む配位子を用いた場合に高い活性が得られることを筆者らは明らかにしている。

そこで,本項では錯体の種類に分けて考えることにする。はじめに,窒素を含まない鉄錯体であるフェロセンを用いた系によりナノシェルの基本的な性質を述べる。次いで,より高い活性をもたらす含窒素錯体であるフタロシアニン錯体を用い調製したナノシェルの特性を,アセチルアセトナト錯体を用いた場合との比較として示すことで,窒素の影響を明確にする。

1.2.1 フェロセン系[8]

図2(a)は1.1.2項で述べたポリフルフリルアルコールとフェロセンより調製したナノシェルが示す酸素還元電位($-10\mu Acm^{-2}$の電流密度を与える電位として定義)と,X線回折より求めたナノシェルの発達程度(f_{sharp}で表す)の関係を示したものである。これよりナノシェルの導入が300mVという大きな電位の向上をもたらすことがわかる。さらに,炭素材料が酸素還元活性を示すためにはナノシェルの形成が必要であるが,過度の発達はかえって活性を低下させることも,この図より明らかである。

酸素還元活性を示すためには炭素表面に酸素分子が吸着する必要がある。それを確かめるために,気相においてナノシェルに酸素を接触させ,これを加熱し脱離する分子を測定する昇温脱離(TPD)法を用いて検討した。図2(b)に昇温時に脱離してきたCOを,先述のf_{sharp}に対してプロットしたものを示す。ここで活性とCO脱離量それぞれが示すf_{sharp}依存性が互いに類似していることに注目されたい。つまり,酸素還元活性の高いナノシェルはより大きなCO脱離量,つまりより高い酸素吸着量を有することがわかる。酸素還元反応は水分子が多数存在する場での反応であり,一方酸素吸着は気相吸着であるという差異があるため,即座にはその対応関係を結論づけるわけにはいかないが,少なくとも酸素還元活性の高いカーボンは酸素吸着量も大きいということがいえる。

このように,ナノシェルの導入は酸素還元活性の向上をもたらし,その理由としては酸素に対する親和性が向上したことをあげることができよう。

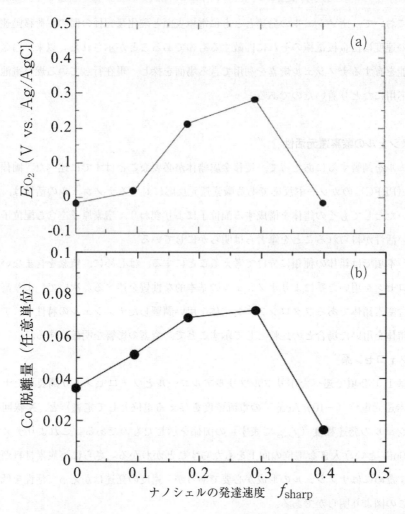

図2 ナノシェルの発達程度 (f_{sharp}) に対する(a)酸素還元電位と(b)酸素吸着 TPD より求めた脱離 CO 量の相関

1.2.2 フタロシアニン系[9]

フタロシアニン錯体は1分子中に8個の窒素原子を含み,そのうちの4原子が直接金属原子に配位した構造をとる分子である。ここでは,鉄,コバルト,ニッケルのフタロシアニン錯体をフェノールホルムアルデヒド樹脂に添加し,これらを炭素化して得られたナノシェルの構造と酸素還元活性に関する結果を紹介する。

図3には,図2と同じく f_{sharp} に対する酸素還元活性のプロットを示す。図中黒塗りの記号で示したものはフタロシアニン錯体を用いて調製したナノシェル,白抜きはアセチルアセトナト錯体および上述のフェロセンの結果をそれぞれ表している。アセチルアセトナト錯体およびフェロセンを用いて調製したナノシェルが形成する傾向は一致しており,先に述べたある f_{sharp} に対し

第4章　カーボンアロイ触媒の作製法

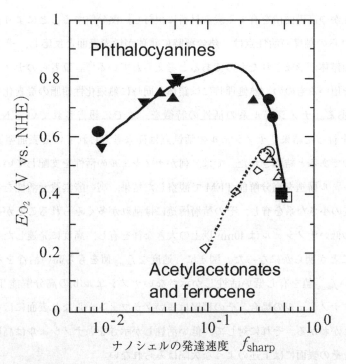

図3　種々の遷移金属錯体を用いて調製したナノシェルの酸素還元電位とナノシェルの発達程度（f_{sharp}）の関係
　　○ 3FeA, ● 3FeP, △ 3CoA, ▲ 3CoP, □ 3NiA, ■ 3NiP, ▼ xCoP800,
　　◇ Ferrocene（previous data）

て最大値をもつことを確認できる。一方，フタロシアニン系の場合も基本的には最大値を示す挙動をとっており，上記2種の錯体の場合と類似している。しかしながら，同じ f_{sharp} で比較した場合，フタロシアニン系のほうがより高い酸素還元活性を示すことが明らかになった。得られたナノシェルの表面にはフタロシアニンの熱分解により導入されたと考えられる窒素原子が導入されていることが，X線光電子分光（XPS）により明らかになっている。以上より，ナノシェルの導入とそこへの窒素原子の導入が炭素に，酸素還元活性をもたらす主な要因であることがわかる。

　筆者のグループではフタロシアニン系ナノシェルを用いて単セルを組み，その発電性能を検討した結果，0.8Vの開放電圧と0.2Wcm^{-2}の出力密度を実現している[10]。

1.2.3　ナノシェルの活性支配因子

　さて，このようにフタロシアニンから調製したナノシェルは高い酸素還元活性を示すことが明らかになったわけであるが，これに類似した非白金系カソード触媒がある。この触媒は，フタロシアニンのように4つの窒素原子が中心金属原子に配位したN$_4$錯体を，カーボンブラックと呼

ばれる高導電性かつ高表面積を有する炭素材料に担持し，熱分解することにより得られるものである[11〜14]。これらの触媒の活性点は，熱分解時に錯体が炭素表面と反応し，そこに窒素を配位原子とする表面錯体が形成されたものであると考えられている[15]。筆者らのナノシェル触媒はフタロシアニンを用いるものの，熱処理時には錯体と同時に熱硬化性樹脂の炭素化も行っており，異なる系ではある。ナノシェル系の活性の特徴を，すでに報告されている N_4 錯体触媒の特徴[16〜21]と比較を行った結果，ナノシェルの活性点は従来考えられている表面窒素配位金属錯体とは異なるものであると結論された。では，何がナノシェルの活性を支配しているのだろうか。

多くのナノシェル構造を高分解能 TEM で観察した結果，高い酸素還元活性を有するナノシェルは 20nm 前後の小さな系を有し，その積層構造には乱れが多くみられることがわかった。それに対し，活性の低いナノシェルは 40nm 以上の大きな径を有し，高度に発達した欠陥の少ない積層構造であることが明らかになった。図4に，適度な f_{sharp} 値をもち高い活性を示すナノシェル(a)と，最も高い f_{sharp} 値を有し低い活性しか示さないナノシェル(b)の高分解能 TEM 像を示す。高い活性を示すナノシェルの場合，その積層は短いグラフェンからなり表面には多くの欠陥が存在していることがわかる。それに対して，低い活性しか示さないナノシェルは高度に整列した積層構造をもち，その表面には上述のような欠陥はみられない。

筆者のグループでは種々の金属錯体を用いて広範囲にナノシェルの径を変化させ，その酸素還元活性を検討している。その結果，18nm の径をもつナノシェルの活性が最も高いことが示された[22]。ここで強調しておかなければならないのは，ナノシェル自体が活性点ではなく，ある大きさのナノシェルにおいて酸素還元活性に適当な活性点が多く形成されるということである。つまり，ナノシェルは酸素還元活性点を効率的に形成する構造を作り出す効果をもたらすという一面をもつといえる。このことを考慮して，高活性ナノシェルの形成には微細化が重要なポイント

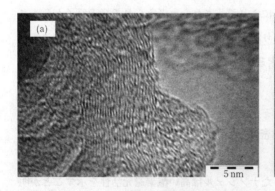 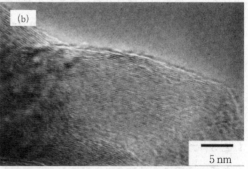

図4　酸素還元活性の異なるナノシェルの積層構造の比較
(a)酸素還元活性の高いナノシェル（c-CoP/FA1000（f_{sharp}=0.26）），
(b)酸素還元活性の低いナノシェル（c-NiA/FA1000（f_{sharp}=0.48））

第4章 カーボンアロイ触媒の作製法

であり,かつそこへの窒素原子の導入がさらに活性を増加させる要因であると結論することができる。

謝辞

本研究は平成17～18年度 NEDO 固体高分子形燃料電池実用化戦略技術開発／次世代技術開発「酸素還元活性を持つナノシェル系炭素材料の調製,多孔質化およびそのカーボンアロイングによる活性化に関する研究開発」の委託を受けて行ったものである。関係各位に感謝する。

文　献

1) 尾崎純一ほか,炭素,**268**(1994)
2) J. Ozaki *et al.*, *Carbon*, **36**, 131 (1998)
3) J. Ozaki *et al.*, *Chem. Mater.*, **10**, 3386 (1998)
4) J. Ozaki *et al.*, *Chem. Lett.*, **1998**, 573
5) J. Ozaki, T. Watanabe, Y. Nishiyama, *J. Phys. Chem.*, **97**, 1400 (1993)
6) J. Ozaki, Y. Nishiyama, J. D. Cashion, L. J. Brown, *FUEL*, **78**, 489 (1999)
7) 尾崎純一,内山慶紀,大谷朝男,炭素,161 (2001)
8) J. Ozaki *et al.*, *J. Appl. Electrochem.*, **36**, 239 (2006)
9) J. Ozaki *et al.*, *Electrochim. Acta*, **55**, 1864 (2010)
10) 尾崎純一,NEDO 燃料電池・水素技術開発 ― 固体高分子形燃料電池システム技術開発事業 ― 事後評価委員会資料,p201 (2005)
11) H. Jahnke *et al.*, *Top. Curr. Chem.*, **61**, 133 (1976)
12) D. A. Scherson *et al.*, *Electrochim. Acta*, **31**, 1247 (1986)
13) F. Jaouen *et al.*, *J. Phys. Chem.*, **B107**, 1376 (2003)
14) M. Bron *et al.*, *Fuel Cells*, **2**, 137 (2002)
15) M. Lefevre *et al.*, *J. Phys. Chem.*, **B109**, 16718 (2005)
16) R. Cote *et al.*, *J. Electrochem. Soc.*, **145**, 2411 (1998)
17) M. Ladouceur *et al.*, *J. Electrochem. Soc.*, **140**, 1974 (1993)
18) G. Lalande *et al.*, *Chem. Mater.*, **9**, 784 (1997)
19) J. Fournier *et al.*, *Electrochim. Acta*, **42**, 1379 (1997)
20) M. Bron *et al.*, *Electroanal. Chem.*, **113**, 535 (2002)
21) L. D. Bailey *et al.*, *J. Mater. Res.*, **9**, 3203 (1994)
22) 腰越悠香ほか,第35回炭素材料学会要旨集,p236 (2008)

2 ポリマーから見た設計

畳開真之[*1], 柿本雅明[*2]

2.1 背景

カーボンアロイ触媒は高分子を窒素源として焼成して得られる窒素含有炭素化物であり，構成するグラフェンのジグザグエッジにあるグラファイト型窒素に隣接する炭素が高い活性を有することが提案[1]されている。このことからより高い特性を有する触媒の作成には原料である高分子の構造と窒素源のオーダーメードな分子設計による最適化が必要である。そこで今回，分子鎖中に窒素を含有する芳香族高分子化合物を種々作成し，炭素化させることで窒素含有量の異なるカーボンアロイ触媒の作成を検討した。一般に高分子の中でも重縮合型の高分子はモノマーを分子設計し組み合わせることでポリマーに含まれる官能基，ヘテロ原子の量および構造を自由に変化させることができる。その中でも，芳香族ポリイミド，芳香族ポリアミド，芳香族ポリベンゾアゾールは機械特性，耐熱性に優れ，主鎖に窒素を含む高分子としてよく知られており，フィルム，繊維，樹脂等様々な形体に成型が可能で構造材料，電子材料など様々な用途で用いられている。我々はこれらの構造に着目し各種合成を進め評価を行った。

2.2 含窒素芳香族高分子の重合

以下に芳香族ポリイミドや芳香族ポリイミド，芳香族ポリベンゾアゾールの重合方法の一例を図1～4に示すとともに，今回使用した各ポリマーをそれぞれ図5～6にまとめる。

2.2.1 芳香族ポリイミド（PI）の合成方法[2]

芳香族ポリイミドはDMAc NMP等のアミド系有機溶媒中で酸無水物と芳香族ジアミンとの重縮合によりポリアミドの前駆体であるポリアミド酸が得られ，有機溶媒から単離したポリアミド酸を熱処理あるいは化学触媒によりイミド化反応が進行し芳香族ポリイミドを得ることができる。

2.2.2 芳香族ポリアミド（PA）の重合方法[3]

芳香族ポリアミドはポリイミドと同様の有機溶媒中で芳香族ジカルボン酸のアシルハライドと芳香族ジアミンとの重縮合により得られる。

[*1] Masayuki Chokai 東京工業大学 大学院理工学研究科 有機・高分子物質専攻；帝人㈱ 新事業開発グループ 融合技術研究所

[*2] Masa-aki Kakimoto 東京工業大学 大学院理工学研究科 有機・高分子物質専攻 教授

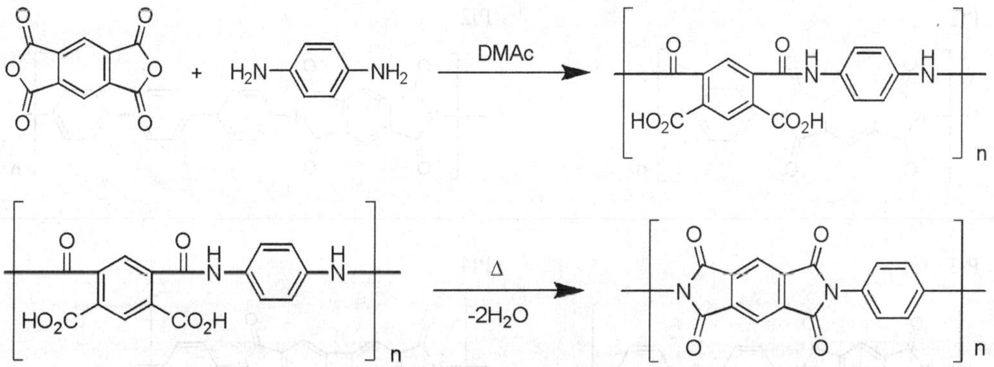

第4章 カーボンアロイ触媒の作製法

図1 芳香族ポリイミド（PI）の重合

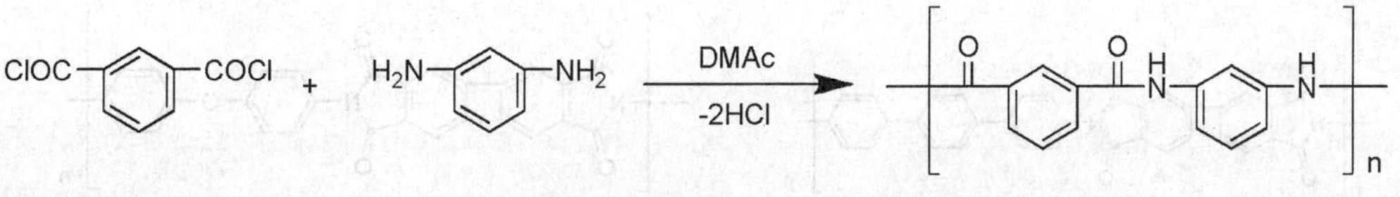

図2 芳香族ポリアミド（PA）の重合

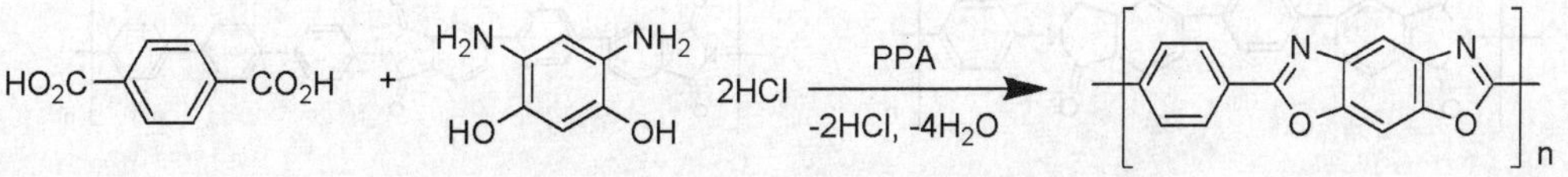

図3 芳香族ポリベンゾアゾール（Az）の直接重合方法

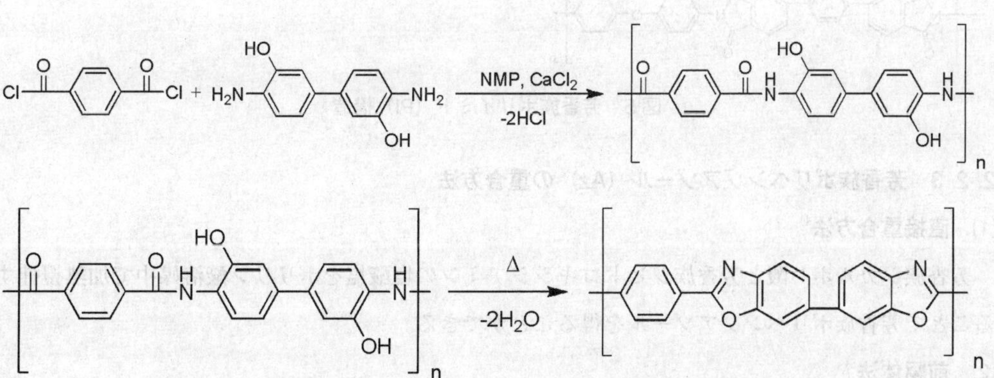

図4 芳香族ポリベンゾアゾール（Az）の前駆体を経由した重合法

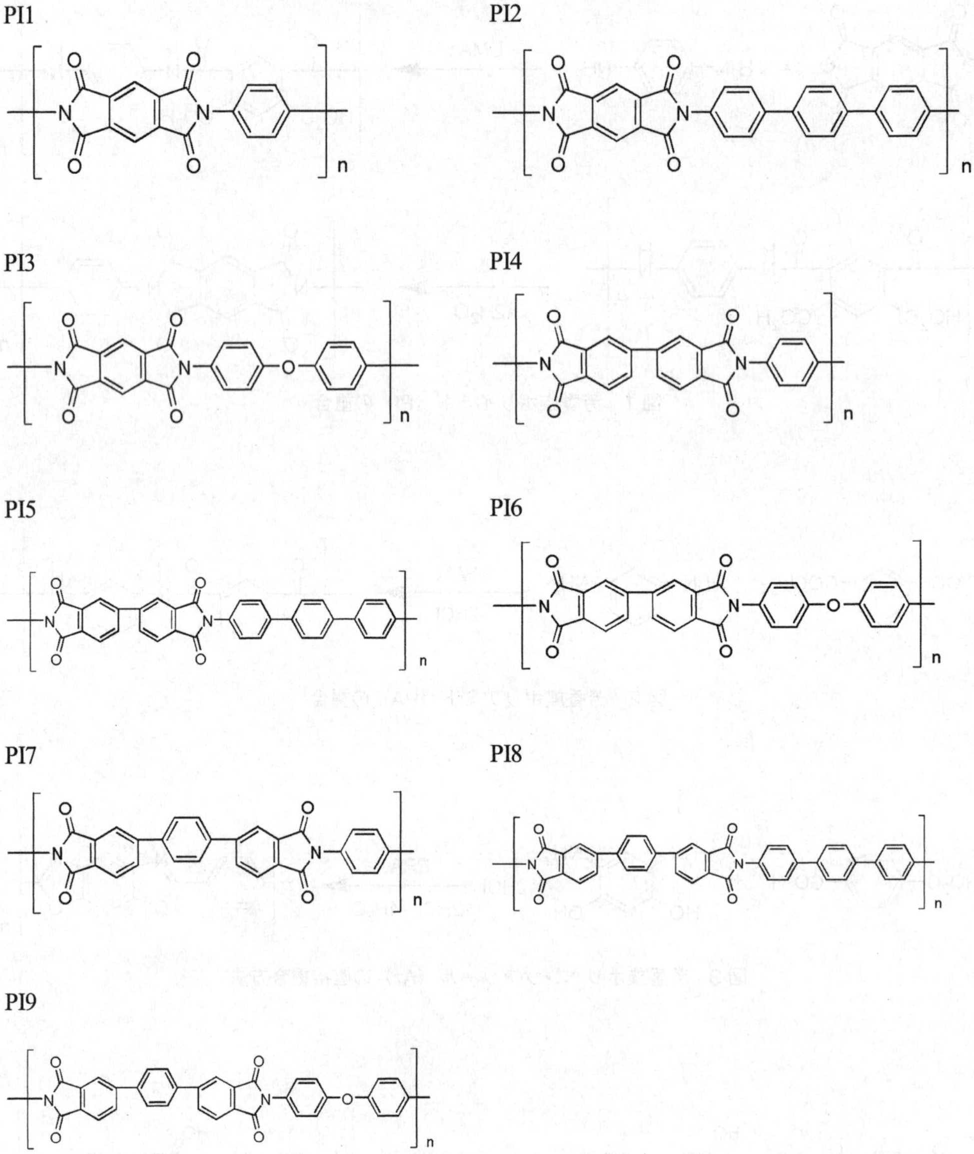

図5 芳香族ポリイミド (PI) 構造

2.2.3 芳香族ポリベンゾアゾール (Az) の重合方法

(1) 直接重合方法[4]

芳香族ジカルボン酸と芳香族ジヒドロキシジアミンの塩酸塩をポリリン酸溶媒中で加熱撹拌することで芳香族ポリベンゾアゾールを得ることができる。

(2) 前駆体法[5]

芳香族ポリアミド,芳香族ポリイミドと同様に有機溶媒中で芳香族ジカルボン酸のアシルハラ

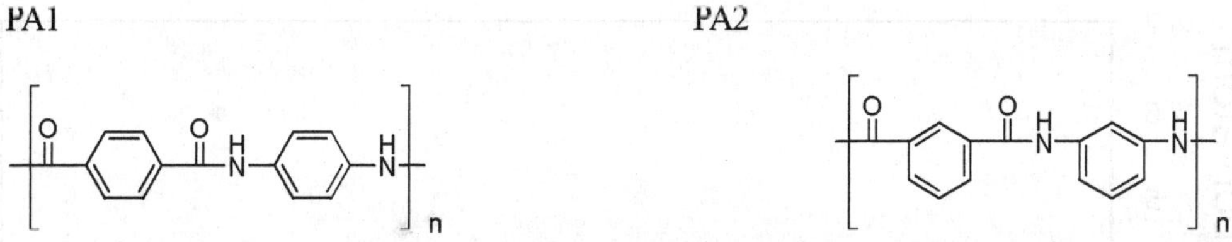

第4章 カーボンアロイ触媒の作製法

PA1

PA2

図6 芳香族ポリアミド（PA）構造

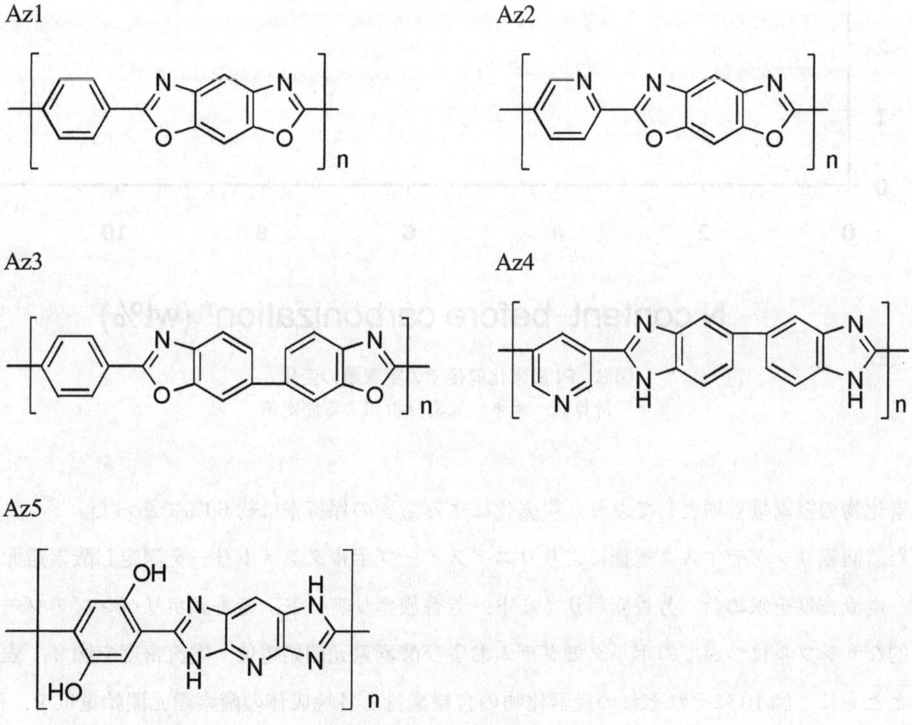

Az1

Az2

Az3

Az4

Az5

図7 芳香族ポリベンゾアゾール（Az）構造

イドと芳香族ジヒドロキシジアミンとの重縮合により芳香族ポリベンゾアゾールの前駆体である芳香族ジヒドロキシポリアミドが得られる。有機溶媒から単離した芳香族ジヒドロキシポリアミドを熱処理により分子内環化反応が進行し芳香族ポリベンゾアゾールを得ることができる。

2.3 含窒素芳香族高分子の焼成及び特性評価

重合により得られたポリマーを窒素雰囲気化900℃で炭素化処理を行い，得られた炭素化物について元素分析による窒素の定量および触媒特性の評価を行った。

図8に芳香族ポリイミドの炭素化前後の窒素量を示す。ポリマーの含窒素量が多いほど得られ

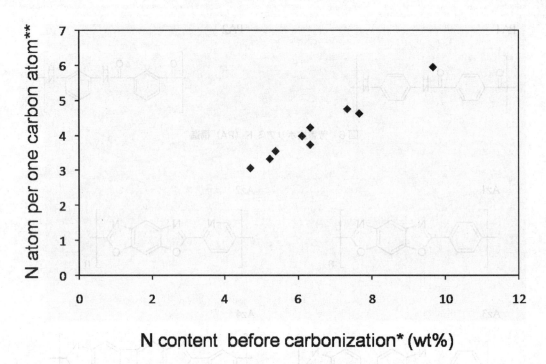

図8 PI炭素化前後での窒素量の変化
＊：計算値，＊＊：元素分析による測定値

る炭素化物の窒素量も増大しており，炭素化による窒素の保持率は約60%であった。

また，回転リングディスク電極によりリニアスイープボルタンメトリーを測定し酸素還元開始電位，電流密度を求めた。芳香族ポリイミド，芳香族ポリアミド，芳香族ポリベンゾアゾールの代表的なサンプルについてのボルタモグラムおよび酸素還元開始電位，電流密度を図9，表1に示すとともに，図10にそれぞれの炭素化物の含窒素量と各焼成体の酸素還元開始電位を，図11に電流密度を示す。いずれの値も先に示した炭素化物の含窒素量が多いものほど，各特性が向上する傾向が見られた。前駆体のポリマーとしては耐熱性が高くポリマーユニットあたりの含窒素量の多い芳香族ポリベンゾアゾールが焼成後の炭素化物の含窒素量が多くなり電圧，電流ともに高い値を与える結果となった。

2.4 含窒素芳香族高分子の焼成過程の観察

芳香族ポリベンゾアゾールAz3の窒素気流下でのTGA測定における，重量減少の様子を図12に示す。測定の結果500-800℃において急激な重量変化が進行していることから，本温度領域で急激な炭素化反応が進行しておりこれらの構造変化を解析することが特性の優れたカーボンアロイ触媒を作成する上で重要であると考えられる。そこで元素分析，拡散反射型FT-IRに

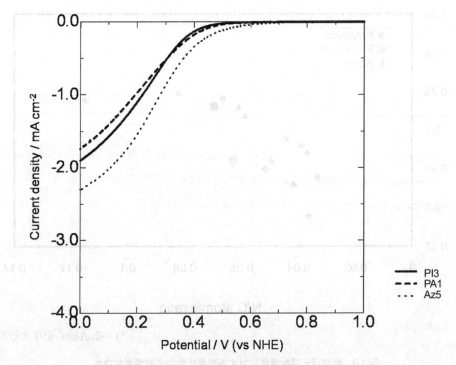

図9 PI, PA, Az 各炭素化物のボルタモグラム

表1 PI, PA, Az 各炭素化物の特性

	Structure	N atom per one carbon atom	Onset Potential[*] (V)	Current density[**] (μA/cm^2)
PI3		0.05	0.65	−24
PA1		0.07	0.73	−41
Az5		0.08	0.80	−120

[*] : -2μA/cm^2 を与える電位
[**] : 0.5V における測定値

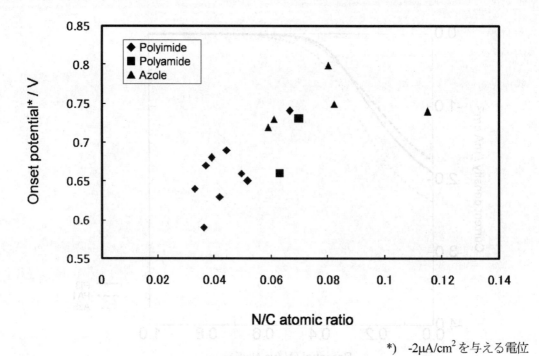

*) $-2\mu A/cm^2$ を与える電位

図10　酸素還元開始電位に対する炭素化物中の窒素量依存性

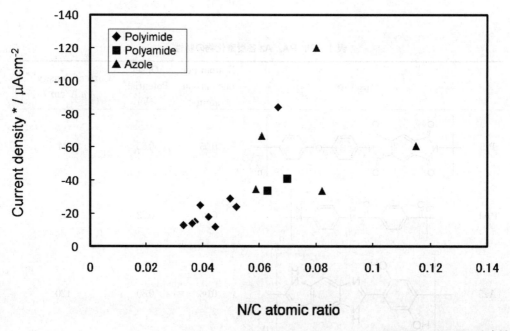

*) 0.5V における電流値

図11　電流密度に対する炭素化物中の窒素量依存性

第4章 カーボンアロイ触媒の作製法

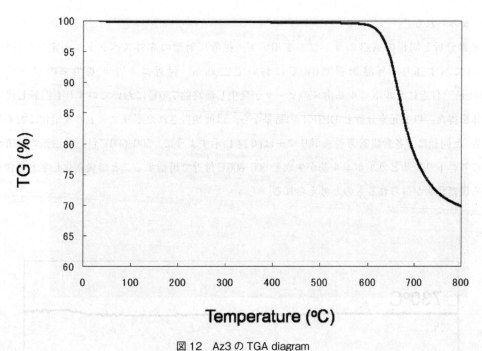

図12 Az3のTGA diagram

より各温度領域における組成，官能基の変化を報告する。

芳香族ポリイミドPI1，芳香族ポリアミドPA2，芳香族ポリベンゾアゾールAz3それぞれの組成物についてTGAを用いて540，640，730，で5分間熱処理したサンプルの元素分析を行った。表2に各サンプルの温度変化に伴う窒素原子の減少を示す。540℃までは窒素の減少がほとんど進行せず，640℃で窒素の減少が確認されさらに640-730℃で2％程度の急激な窒素原子の

表2 PI，PA，Az各ポリマーの窒素含有量の温度変化

	Polymer structure	N content (wt%)			
		No treatment*	540℃**	640℃**	730℃**
PI1		9.65	9.88	8.99	7.97
PA2		11.76	11.95	10.87	8.83
Az3		9.03	8.67	7.80	5.74

＊：計算値
＊＊：元素分析による測定値

減少がみられる。

　元素分析と同様のAz3のサンプルを用いて，拡散反射型の赤外スペクトル測定を行った。図13に示す通り，昇温過程で640℃において2200cm^{-1}付近ニトリル基由来のピークと1700cm^{-1}付近にカルボニル基由来のピークが発生し最終的730℃においていずれも消滅し炭素化体を得た。以上元素分析とDRIFTの結果から，以前報告されたポリアミドの炭素化に関する報告[6]と同様に，各含窒素芳香族ポリマーは図14に示すように，500-600℃付近で主鎖の分解が起こりニトリル基とカルボニル基が生成し600-800℃付近で再結することで炭素化し窒素を含有する炭素化物が得られるものと考えられる。

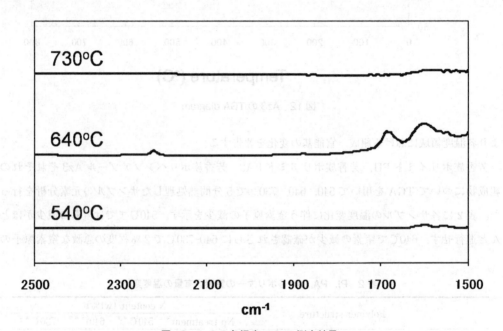

図13　Az3の各温度でのIR測定結果

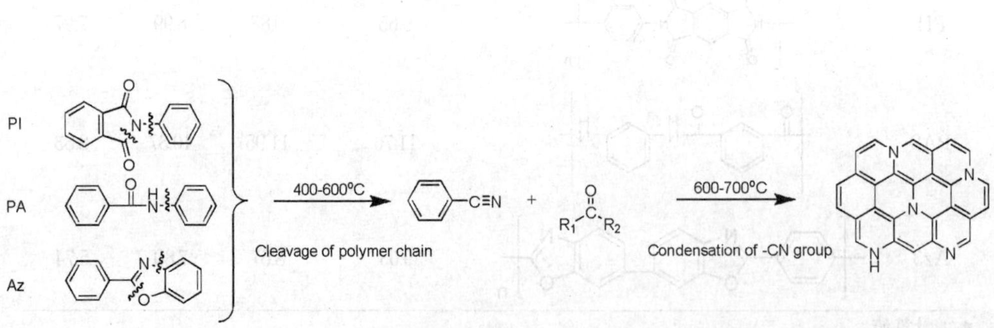

図14　含窒素炭化物の生成ルート

2.5 含窒素芳香族高分子化合物への Fe の添加

これまでにポリマー樹脂に金属フタロシアニン等の窒素を含有する金属錯体を加えることで高い酸素還元特性が得られることが報告[7]されている。今回，ポリマーもしくはその前駆体が有機溶媒に可溶で加工性に優れる芳香族ポリイミド PI1 の前駆体，芳香族ポリアミド PA2，芳香族ポリベンゾアゾール Az3 前駆体のポリマー溶液に鉄フタロシアニン (FePc) を加え焼成処理を行った。Az3 に FePc を鉄基準で 1 wt%，3 wt%加え炭素化したサンプルのボルタモグラムを図 15 に示す。PI1，PA2 については $FeCl_2$ の添加についても検討を行った。それぞれの各特性について表 3 にまとめる。図 15 より鉄の添加量の増加に従い電圧値，電流値ともに飛躍的な向上が観察された。また，表 3 に示す通り $FeCl_2$ のように窒素を含有しない鉄を用いてもポリマー単独の炭素化体に比べ高い触媒特性を示したことから，ポリマー中に含まれる窒素がカーボンアロイの触媒特性に貢献することを示唆する結果となった。

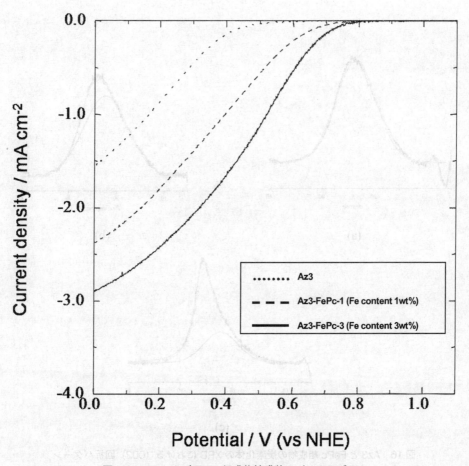

図 15　Az3 および FePc 組成物焼成体のボルタモグラム

白金代替カーボンアロイ触媒

表3 Az, PI, PA および Fe 組成物焼成体の酸素還元開始電位

	Polymer structure	Fe species	Fe content (wt%)	Onset potential* (V)
Az3		—	0	0.72
		FePc	1	0.84
		FePc	3	0.89
PI1		—	0	0.58
		FePc	3	0.88
		$FeCl_2$	3	0.84
PA2		—	0	0.66
		FePc	3	0.92
		$FeCl_2$	3	0.85

＊：$-2\mu A/cm^2$ を与える電位

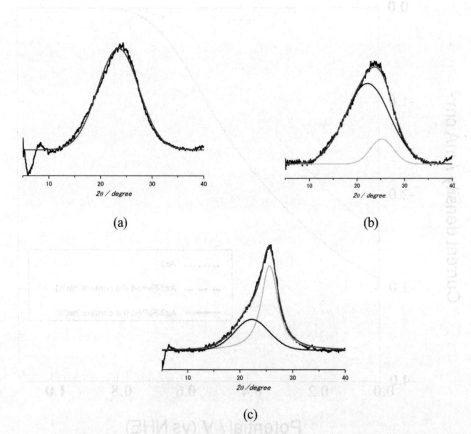

図16 Az3 と FePc 組成物の炭素化体の XRD における (002) 回折パターン
(a) Az3 炭素化体, (b) Fe 1 wt% 含有組成物炭素化体, (c) Fe 3 wt% 含有組成物炭素化体

第4章 カーボンアロイ触媒の作製法

表4 Fe添加量によるf_{sharp}と酸素還元開始電位の変化

Polymer structure	Fe species	Fe content (wt%)	d_{002} (nm)	f_{sharp}	Onset potential* (V)
Az3	—	0	0.360	0.00	0.72
	FePc	1	0.371	0.14	0.84
	FePc	3	0.341	0.64	0.89

＊：$-2\mu A/cm^2$ を与える電位

Az3およびFePc組成物の炭素化体について粉末X線の測定による（002）回折パターンを図16に示す。鉄を加えないポリマーの焼成体はbroadなピークを与えるのに対し，鉄を添加することで広角側に乱層構造のグラファイト由来の鋭いピークf_{sharp}[8]が現れる。Az3およびFePcを鉄基準で1wt%，3wt%加え焼成した炭素化物のXRD測定結果およびピークフィッティングにより得られたf_{sharp}の値とボルタモグラムから得られた$-10\mu A/cm^{-2}$を与える電圧値を表4にまとめる。鉄フタロシアニンの添加量が増大することでd_{002}におけるf_{sharp}が増加するとともに，酸素還元電位，電流密度が向上する結果となった。

2.6 まとめ

今回，含窒素芳香族高分子化合物である芳香族ポリアミド，芳香族ポリイミド，芳香族ポリベンゾアゾールを種々作成し，炭素化させたところ，芳香族ポリベンゾアゾールを始めとした窒素含有量の多い芳香族高分子化合物からは窒素を多く含むカーボンアロイ触媒が得られその触媒特性も向上することが明らかとなった。含窒素芳香族高分子化合物の炭素化過程の観察の結果，高分子化合物の分解の過程でニトリル基が発生し本ニトリル基がカーボンアロイの窒素として取り込まれる可能性を見出した。また鉄化合物を添加し炭素化させることで，乱層構造のグラファイトが成長し，より高い触媒特性を有するカーボンアロイ触媒が得られた。今後はより窒素の含有量の多い芳香族高分子化合物の分子設計と金属化合物との複合化や炭素化条件の最適化により，さらに高い触媒特性を有するカーボンアロイ触媒の作成を検討してゆく。

文献

1) T. Ikeda et al., *J. Phys. Chem. C*, **112**, 14706 (2008)
2) C. E. Sroog et al., *J Polym Sci Part.*, **3**, 1373 (1965)
3) 野間隆，繊維学会誌，**56**, 241 (2000)

4) Y. Imai *et al.*, *Macromol. Chem.* **83**, 167 (1965)
5) M. Chokai *et al.*, *Polym. J.*, **41**, 679 (2009)
6) S. Villar-Rodil *et al.*, *Chem. Mater.*, **17**, 5893 (2005)
7) J. Ozaki *et al.*, *Carbon*, **44**, 1324 (2006)
8) J. Ozaki *et al.*, *Chem Lett.*, **1998**, 573 (1998)

3 添加金属の効果

難波江裕太*

ヘテロ原子として窒素をドープしたカーボンアロイが，燃料電池用カソード触媒をはじめとした触媒材料として，最近注目を集めている。カーボン材料に窒素を導入する方法として最も古くから使われている手法は，既製のカーボン材料をアンモニア等で処理し，炭素表面に窒素を導入する方法である[1]。より均一に窒素を導入する方法としては，炭素材料の前駆体に窒素を含んだ化合物を用いる方法がある。アセトニトリルを前駆体とした気相成長（CVD），アミド，イミド系高分子の熱分解，鉄フタロシアニンを添加した高分子の熱分解などが，この例に当てはまる。このような気相成長，高分子の熱分解過程においては，鉄やコバルトをはじめとする遷移金属が触媒として共存する場合が少なくない。気相成長法における金属触媒の役割は，カーボンナノチューブやカーボンナノファイバーの製造法に関する文献が多くあるので，それらを参照されたい[2]。一方，含窒素キレート錯体が共存する高分子の熱分解に関しては，添加した金属錯体やその分解物が，熱処理後も触媒活性点として作用しているかどうかが注目されてきたが，金属の存在が炭素化過程や生成炭素そのものに及ぼす影響に関しては，あまり明らかにされてこなかった。本稿では，鉄フタロシアニンとフェノール樹脂の混合物（FePc/PhRs）を熱処理して得るカーボンアロイ触媒を例として，鉄の存在が生成炭素の物性に及ぼす影響を議論する。

3.1 炭素化初期の働き

図1は，鉄フタロシアニンとフェノール樹脂を，鉄重量が3wt%になるように混合し，それを不活性ガス気流中で加熱しながら重量減少を観察した結果である。鉄：フタロシアニン：フェノール樹脂の重量比は3：27.5：69.5である。比較のために鉄を含まないフタロシアニンを混合したフェノール樹脂（Pc/PhRs）も分析した。右軸には，重量減少の挙動を分かりやすくするために，単位時間当たりの重量減少を示した。Pc/PhRsでは，250，400，550℃付近で顕著な重量減少が観測され，最終的な重量減少は，約60%であった。各温度における気相生成物を質量分析計で分析したところ，250，400℃ではフェノールの，550℃ではフタロニトリルの生成が示唆された。これらの生成物は，それぞれフェノール樹脂，フタロシアニンの分解によるものであると考えられる。一方，FePc/PhRsの場合は，Pc/PhRsで400℃付近に問作された重量減少ピークが若干低温側にシフトし，面積が小さくなった。また，550℃付近の急激な重量減少は観測されなかった。その結果，最終的な重量減少は約50%となった。フェノール樹脂の分解による重

---

* Yuta Nabae　東京工業大学　大学院理工学研究科　有機・高分子物質専攻　特任助教

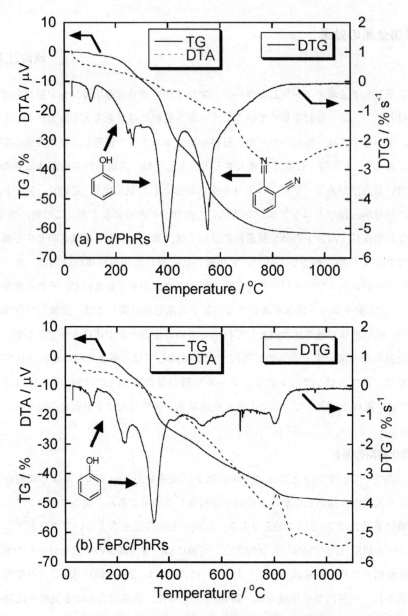

図1 (a) Pc/PhRs と(b) FePc/PhRs の TG/DTA 曲線

量減少ピークのシフトから，鉄種はフェノール樹脂の分解を促進していると考えられるが，分解物のガス化を抑制し，炭素化収率を向上させる働きがあることも分かる。

熱処理過程における化学構造変化について知見を得るために，各温度で熱処理した触媒を赤外吸収分光で分析した。図2に，各温度で熱処理した Pc/PhRs と FePc/PhRs の IR スペクトルを，拡散反射法で測定した結果を示す。Pc/PhRs, FePc/PhRs のいずれの場合にも，200～500℃の

第4章　カーボンアロイ触媒の作製法

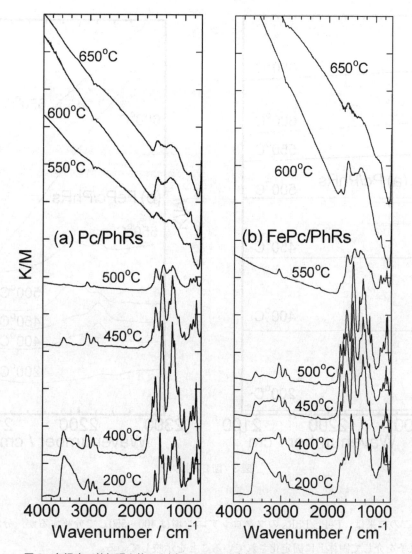

図2　各温度で熱処理を施した(a) Pc/PhRs と(b) FePc/PhRs の IR スペクトル

処理によって，3100〜3500cm^{-1} のフェノール樹脂の OH 基由来のピーク強度が徐々に弱くなるが，FePc/PhRs の方が減少の度合いが弱かった。恐らくこれはフェノール樹脂の水酸基と鉄フタロシアニンが，何らかの形で相互作用していることを示している。図3に，2200cm^{-1} 付近のスペクトルを拡大した図を示した。Pc/PhRs ではこの領域に特に吸収ピークは観測されなかった。一方 FePc/PhRs では，400℃程度から 2216cm^{-1} にニトリル基に由来する吸収が観測された。これは何にも配位していない自由なニトリル基と帰属できる。ニトリル基はフタロシアニンには存在しないので，この結果は 400℃付近からフタロシアニン環の分解が始まることを示唆している。この他に温度上昇と共に 2193cm^{-1} に金属に配位したニトリル基と考えられる吸収が観測さ

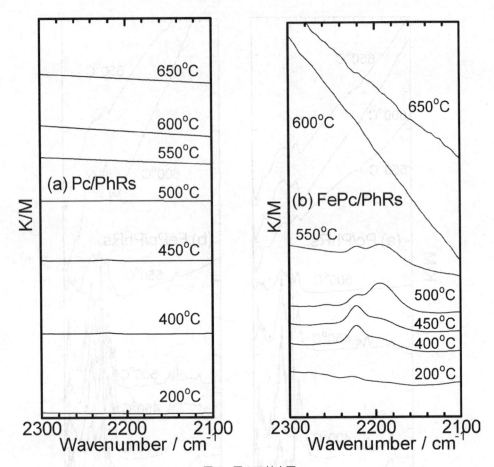

図3　図2の拡大図

れた[3]。この結果は，FePc/PhRsのフタロシアニン環は400〜550℃で分解するが，分解物の一部は鉄原子を介して固体上に固定化されていることを示唆している。

　鉄原子を介してフタロシアニン分解物が固定化されているのならば，鉄を添加して調製したカーボンアロイは，より多くの窒素を含むのであろうか．図4は，各温度で熱処理したPc/PhRsとFePc/PhRsの窒素含有量をCHN元素分析で求めた結果である．Pc/PhRsでは熱処理温度の上昇と共に，触媒の窒素含有量は徐々に減少し，550〜800℃では約2％で横ばいとなった．多くの窒素原子が，熱処理の過程でフタロニトリルとして気相へ脱離していると考えられる．一方，FePc/PhRsでは，550℃までは窒素含有量の減少はみられなかった．これはIRで示唆されたニトリル基の生成を考慮すると，妥当な結果である．しかし650℃以上では，窒素含有量は急激に減少し，700〜800℃ではPc/PhRsの場合よりも低い窒素含有量（1％以下）を示した．この温度域では，鉄の存在はむしろ窒素の脱離を促進していることが分かる．

第4章　カーボンアロイ触媒の作製法

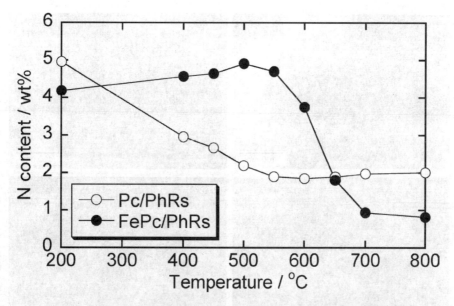

図4　各温度で熱処理を施した Pc/PhRs と FePc/PhRs の窒素含有量

以上示した様に，FePc/PhRs の熱処理過程において，鉄種はフェノール樹脂とフタロシアニンの相互作用を促し，炭素化収率の向上，窒素導入量の向上に寄与する。これらの作用は，鉄微粒子というよりもむしろ単核の鉄イオンによるところが大きいと言える。

3.2　鉄微粒子の生成と高次構造に及ぼす影響

添加金属の存在は生成炭素のモルフォロジーに大きく影響を与える。図5に，FePc/PhRs から600℃，および800℃で調製したカーボンアロイの透過型電子顕微鏡（TEM）像を示す。FePc/PhRs を600℃で熱処理すると（図5-a），直径5～20nm の鉄微粒子が多数観測され，この温度で既に分解し，金属鉄を生成することが示唆される。この炭素を塩酸で洗浄し金属鉄を除去すると，直径20nm 程度のナノシェルと呼ばれる構造がはっきりと観測された（図5-b）。このようなモルフォロジーは，金属を添加した系に特徴的なものである。またより高い温度で調製されたカーボンアロイは，より大きな直径のナノシェルを有する（図5-c, d）。これはナノシェル生成の核となる鉄微粒子の直径が，シンタリングによって大きくなったためである。

鉄微粒子の触媒作用によって引き起こされたモルフォロジーの変化は，窒素の物理吸着などの分子をプローブとした測定でも観測することができる。図6に600℃，および800℃で熱処理した Pc/PhRs と FePc/PhRs の，液体窒素温度における窒素吸着等温線を示す。FePc/PhRs では吸着曲線と脱離曲線の間にヒステリシスが観測された。一方 Pc/PhRs ではこのようなヒステリシスは観測されなかった。これは，鉄を添加して調製したカーボンがある程度入り組んだ細孔構

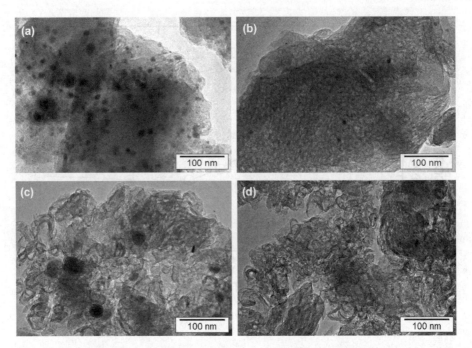

図5 FePc/PhRs から調製したカーボンアロイの TEM 像
(a) 600℃, 酸洗い前；(b) 600℃, 酸洗い後；(c) 800℃, 酸洗い前；(d) 800℃, 酸洗い後

造を有していることを示唆しており，恐らくナノシェルの生成を反映している。図7に，各サンプルのメソ孔の分布を表す BJH プロットを示した。鉄を添加して調製した炭素の方が，メソ孔が多く観測されている。このように FePc/PhRs の炭素化では，鉄微粒子の存在の有無によってモルフォロジーが大きく変化する。恐らくナノシェル間の空隙がメソ孔として観測されていると考えられる。ナノシェル内部の空隙までメソ孔として観測しているかどうかは，今のところ明らかになっていない。

鉄微粒子の触媒作用によって，生成炭素の結晶化度が影響を受けることは容易に想像できる。図8に FePc/PhRs から各温度で調製したカーボンアロイの，X 線回折（XRD）パターンを示す。熱処理温度を上げていくと，600℃で 44.7°付近に金属鉄に由来する回折線が観測された。TEM 像でも示されたとおり，鉄フタロシアニンはこの温度で既に分解し，金属鉄を生成している。また 650℃以上では，Fe_3C に由来する回折線が強く観測された。炭素の（002）回折線については，650℃以上において，比較的シャープな成分（25.7°）が観測された。このシャープ成分については，ナノシェルを形成する乱層構造炭素によるものであることが，既に明らかにされている[4]。Pc/PhRs で同様の測定をしても，この様なシャープな回折線は得られず，鉄微粒子が乱層構造の発達を促進していることが示された。また 600℃で調製したサンプルでは，TEM 像で見ると

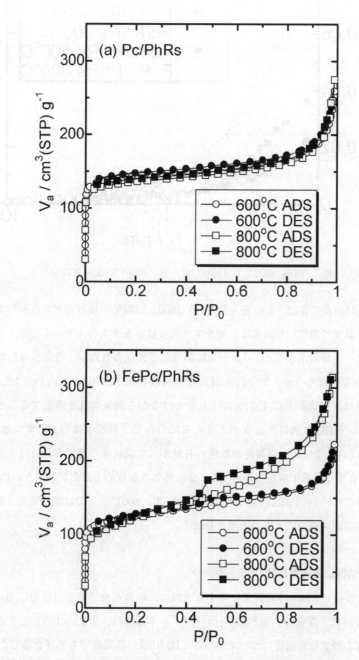

図6 600, 800℃で調製したカーボンアロイの窒素吸着等温線

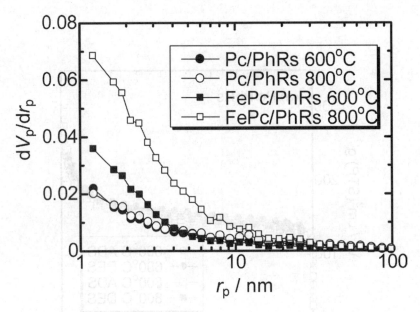

図7 600, 800℃で調製したカーボンアロイのBJHプロット

ナノシェル構造は確かに確認されたが，XRDの（002）回折線はほとんどシャープな成分を示さなかった。この温度で調製した炭素はアモルファスな成分を多く含んでいると考えられる。

鉄種の有無で，生成炭素のXRDパターンに顕著な差が見られたが，電気伝導性はどのように影響を受けているのだろうか。図9に各温度で熱処理したPc/PhRsとFePc/PhRsの導電率を示した。導電率は，炭素粉末に4 MPaの圧力をかけながら電気抵抗を測定することによって求めた。500, 550, 600℃と熱処理温度が上昇するにつれて，導電率は約3桁ずつ増加し，700～800℃でほぼ横ばいとなった。調製時の鉄種の有無が，生成炭素の導電率に及ぼす影響は意外と小さい。鉄が存在すると若干導電率が向上したが，熱処理温度の方が影響が大きいことが分かる。

以上示した様に，FePc/PhRsの熱処理過程において，600℃以上では鉄は還元されて微粒子となり，生成炭素の高次構造に大きく影響を及ぼす。

3.3 電極触媒活性に及ぼす影響

以上に示したFePc/PhRsの炭素化に関する実験は，固体高分子形燃料電池に用いる白金代替カソード触媒の研究・開発の一環として行われた[5]。本項では，上記のようにして調製したカーボンアロイ触媒の酸素還元活性について述べる。図10は，各温度で熱処理を施したPc/PhRsおよびFePc/PhRsの酸素還元ボルタモグラムを示す。測定は回転ディスク電極（1500rpm）を用いて行い，電解質には酸素で飽和した0.5M H_2SO_4を用いた。熱処理を施さない触媒はほとんど活性を示さなかった。Pc/PhRsでは，550℃以上で熱処理した場合に，若干酸素還元活性が向上

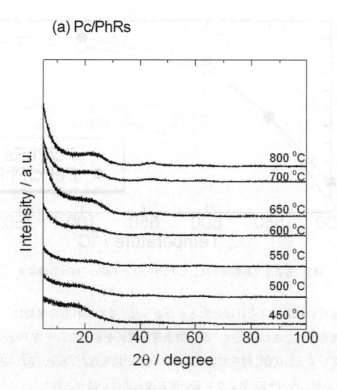

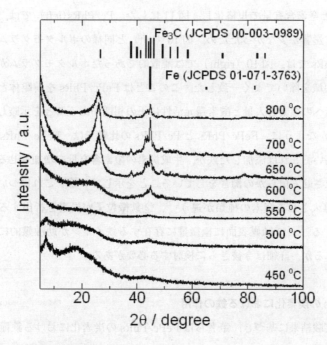

図8 各温度で熱処理を施した Pc/PhRs と FePc/PhRs の XRD パターン

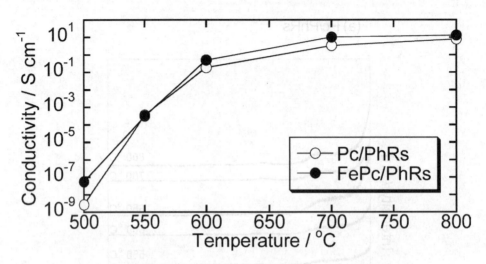

図9 各温度で熱処理を施した Pc/PhRs と FePc/PhRs の導電率

したが，熱処理温度の依存性はそれほど大きくなかった。またこれらの触媒は，フェノール樹脂だけを800℃で熱処理した触媒に比べ，高い酸素還元電流を示した。一方FePc/PhRsでは，熱処理温度を上げていくと，600℃付近で著しい活性向上が見られた。650，700，800℃処理でも，600℃には及ばないが，Pc/PhRs系よりも高い酸素還元活性が観測された。

生成炭素に導入された窒素あたりの活性を比較するために，FePc/PhRsで観測された電流値を，BET表面積と窒素含有量で規格化し，図11にした。Pc/PhRs(left)では，熱処理温度が窒素含有量に及ぼす影響が少なかったため，図10（left）と同様のボルタモグラムとなった。これに対し，FePc/PhRsでは，図10（right）では離散的であったボルタモグラムが，図11（right）では拡散律速の領域を除いてよく一致した。このことはFePc/PhRsを前駆体として調製した炭素において，炭素への窒素導入量と酸素還元活性に正の相関があることを示唆している。

図11から明らかなように，FePc/PhRsとPc/PhRsの比較では，FePc/PhRsの方が窒素あたりの触媒活性が高い。これは添加した鉄が，生成炭素の窒素含有量を増加させる効果の他に，酸素還元活性を向上させる何らかの働きをしていることを示している。これについては，①添加金属により炭素に導入される窒素の種類が違う[6,7]，②鉄微粒子が炭素を析出する際により多くのエッジ面を露出する[8,7]，③触媒表面に極微量に存在する鉄イオンが助触媒的に作用する，などの理由が考えられるが，詳細は今後さらに検討する必要がある。

3.4 FePc/PhRs の炭素化における鉄の作用

以上に挙げた実験結果に基づき，筆者らはFePc/PhRsの炭素化における鉄種の働きを，図12のように提案した。Pc/PhRs，FePc/PhRs系ともに，フタロシアニン環は400℃付近から分解

第4章 カーボンアロイ触媒の作製法

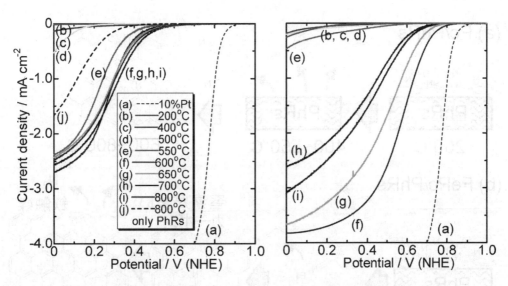

図10 各温度で熱処理を施した Pc/PhRs と FePc/PhRs の RDE ボルタモグラム

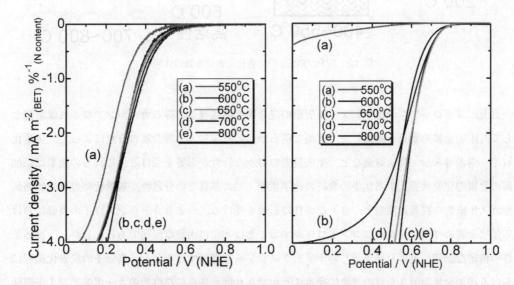

図11 電流値を窒素含有量と BET 表面積で規格化した RDE ボルタモグラム

を始める。その際 Pc/PhRs ではフタロニトリルとして多くが気相へ脱離する。一方 FePc/PhRs では鉄イオンを介してフタロシアニン分解物がフェノール樹脂と相互作用し，固体上に留まる。その結果600℃付近での炭素化の際に，より多くの窒素が導入される。鉄種は600℃付近で還元され，金属鉄を生成する。この鉄微粒子は炭素の乱層構造の発達を促進するが，同時に窒素の脱離も促進する。酸素の電気化学的還元反応に対しては，600℃付近で高い窒素含有量とある程度の電気伝導度が両立するため，最も高い触媒活性が発現したと考えられる。

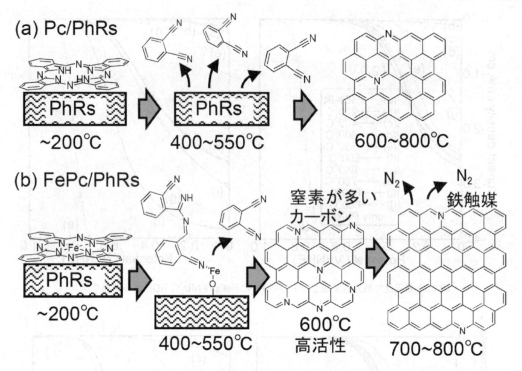

図12　FePc/PhRs の炭素化における鉄の作用

　以上，フタロシアニンとフェノール樹脂の混合物を熱処理して得るカーボンアロイ触媒を例として，添加金属の効果を議論した。本稿で明らかにした様に，添加金属の有無によって，炭素化収率，窒素導入量，高次構造など，生成炭素の様々な特性が影響を受ける。これらの効果は添加時の金属の化学状態，炭素化中の金属の化学状態，他の基質との分散性，炭素化時のガス雰囲気やガス生成物の脱離速度など，様々な条件に影響を受ける。つまりカーボンアロイの調製における添加金属の作用を，精密にコントロールすることは非常に困難な課題である。しかし，反応条件の精密な制御，近年発展が著しいナノテクノロジーを応用するなどし，高分子の炭素化過程における添加金属の働きを意のままに操ることができれば，さらに高機能のカーボンアロイが調製できると期待する。

文　献

1)　B. Stohr, H. P. Boehm, R. Schlogl, *Carbon*, **29**, 707 (1991)

2) Y. Y. Shao, J. H. Sui, G. P. Yin, Y. Z. Gao, *Appl. Catal. B*, **79**, 89 (2008)
3) M. H. Garcia, P. Florindo, M. F. M. Piedade, M. T. Duarte, M. P. Robalo, E. Goovaerts and W. Wenseleers, *J. Organomet. Chem.*, **694**, 433 (2009)
4) J. I. Ozaki, K. Nozawa, K. Yamada, Y. Uchiyama, Y. Yoshimoto, A. Furuichi, T. Yokoyama, A. Oya, L. J. Brown, J. D. Cashion, *J. Appl. Electrochem.*, **36**, 239 (2006)
5) 第16回燃料電池シンポジウム予稿集, p102
6) T. Ikeda, M. Boero, S. F. Huang, K. Terakura, M. Oshima, J. Ozaki, *J. Phys. Chem. C*, **112**, 14706 (2008)
7) H. Niwa, K. Horiba, Y. Harada, M. Oshima, T. Ikeda, K. Terakura, J. Ozaki, S. Miyata, *J. Power Sources*, **187**, 93 (2009)
8) P. H. Matter, E. Wang, M. Arias, E. J. Biddinger, U. S. Ozkan, *J. Phys. Chem. B*, **110**, 18374 (2006)
9) S. S. Datta, D. R. Strachan, S. M. Khamis, A. T. C. Johnson, *Nano Lett.*, **8**, 1912 (2008)

第 5 章　カーボンアロイ触媒の機能

1　炭素構造とグラフェン構造

斉木幸一朗[*]

1.1　はじめに

　カーボンアロイ触媒の作用は最近の精力的な研究によって，フェロセンや金属含有フタロシアニンとポリマーの焼成による適度なグラファイト化とそのエッジの存在，さらに窒素原子の適量かつ特定の原子位置への置換，などが相まって，触媒機能を高めている可能性が明らかになってきた。ここで重要となるキーワードは炭素固体の結晶構造，結晶端の構造，欠陥，などといった物理的な構造と，異種原子のドープという化学的構造である。この章では，基礎的な事項として固体炭素の構造，グラファイトの構造，ナノ炭素としてのグラフェンの構造，グラフェンの端の構造，グラフェン構造における欠陥，について概観したい。

1.2　炭素の化学結合

　物質の結晶構造とその化学結合は深く関わっている。炭素は周期表で 6 番目の元素で炭素原子の基底状態における電子構造は $1s^2 2s^2 2p^2$ である。価電子である 4 つの 2s，2p 電子が結合に関与するが，結合形成において炭素の場合にはこれらの軌道の 3 種の混成軌道 sp，sp^2，sp^3 の存在が知られている（図 1）。sp 混成軌道は原子核から直線的に伸びる軌道で，隣接原子の同じ sp 混成軌道と σ 結合を形成する。残る 2 つの 2p 電子は結合方向に垂直に広がった π 電子となって隣接原子との間の π 結合に寄与する。sp^2 混成軌道は同一平面内で 120° の角度を成して 3 方向に伸びる軌道で，隣接原子の同じ軌道と σ 結合を形成し，平面的な sp^2 ネットワークを構成する。残る 1 つの 2p 電子は，この平面に垂直な π 電子となって隣接原子との間の π 結合に寄与する。以上の 2 つの場合は結合に σ 結合と π 結合が存在するのに対し，sp^3 混成軌道は正四面体の重心にある炭素原子からその各頂点に向かう方向に伸び隣接原子との間に σ 結合を形成して立体的な結晶構造を作る。この時には 4 つの価電子はすべて σ 結合となって π 結合は存在しない。有機化学では σ 結合のみで結合が成り立つ化合物を飽和化合物と呼び，π 結合があるときは不飽和化合物と呼んでいる。

　炭素が有機化学の主構成元素であり，きわめて多様な化合物を作ることは，上に説明したよう

---

[*]　Koichiro Saiki　東京大学　大学院新領域創成科学研究科　教授

第5章　カーボンアロイ触媒の機能

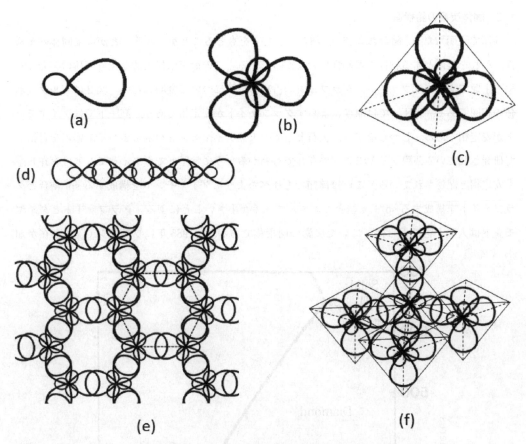

図1　炭素のsp混成軌道の種類と固体状態での結合様式
(a) sp混成軌道，(b) sp^2混成軌道，(c) sp^3混成軌道，(d) sp固体（カルビン），(e) sp^2固体（グラファイト），(f) sp^3固体（ダイヤモンド）。

に存在する混成軌道の多様性に由来するといえる。一般的に考えると4電子系の電子配置でエネルギーの高いp軌道を多く含むsp^3混成軌道は本来エネルギー的には不利と思えるが，すべての価電子を共有結合に参加させることによってそれ以上のエネルギー利得が得られるために正四面体配位の混成軌道で構成する結晶構造（ダイヤモンド構造）が安定となるのである。炭素を始めとするIV族元素Si, Geにおいて，ダイヤモンド構造をとるのはこの理由による。しかしながらこのIV族元素の中で炭素が特異なのは，sp^2混成軌道によるσ結合と一つのπ結合という配置のエネルギーが，上記のsp^3混成軌道の配置とエネルギー的に拮抗し得る点である。原子半径が大きくなるSi, Geでは，π軌道間の相互作用が小さくなって共有結合によるエネルギー利得が得られないためにsp^3混成軌道による結晶構造に比べて不利になる。Si, Geではsp^2混成軌道に由来する平面的な結合の固体が存在しないのは，このためである。

1.3 固体炭素の諸構造

前節で説明した sp^2 結合および sp^3 結合のどちらをもとることができることが炭素固体の多様性，それを起源とする物性の豊饒性につながっている。この節では代表的な炭素固体の紹介と本稿の主題であるグラファイト，グラフェンの占める位置について説明したい。図2はバルク炭素体の相図である。常圧下では温度によらずグラファイトが安定相であり，高圧下ではダイヤモンドが安定相である。しかしながら，宝石としての天然ダイヤモンドや電子デバイス応用を目指して研究されている薄膜ダイヤモンドの存在でもわかるように常圧下でもダイヤモンドは存在し，準安定相と記述されている。これは前節でも述べたようにダイヤモンドを構成する sp^3 結合とグラファイトを構成する $sp^2 + \pi$ 結合のエネルギー差が小さいことによる。グラファイトとダイヤモンドは人類が古くから知っていた炭素の同素体であるが，1985年にフラレン C_{60} の存在が知

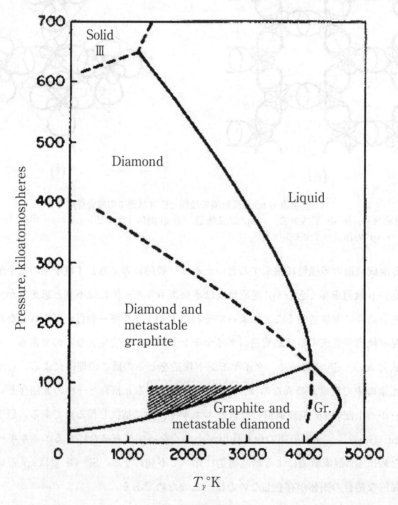

図2　炭素の相図

第5章 カーボンアロイ触媒の機能

られて以来,ナノチューブ,ナノホーン,など新しい炭素同素体が発見されてきた。これらの物質はsp^2結合によるグラファイトの1層(今日,グラフェンと呼ばれている)が曲面を作った構造をもっている。本来,完全な平面性を持つグラフェンに曲率をもたせるためにはその部分の結合に一部sp^3的要素を持つことになる。図3に炭素の結合と,その同素体の関係を示した。巨視的な立場から見たときに,グラファイトは2次元的,ダイヤモンドは3次元的であるのに対し,分子性固体であるフラレンを0次元的,アスペクト比の大きいナノチューブを1次元的と見なすこともできる。sp^2混成軌道による共有結合(sp^2結合)結晶のグラファイトとsp^3混成軌道による共有結合(sp^3結合)結晶の諸物性の比較を表1に示す。

1.4 グラファイト構造とグラフェン構造

グラファイト固体の構造を図4に示す。sp^2結合のネットワークで作られる蜂の巣(ハニカム)

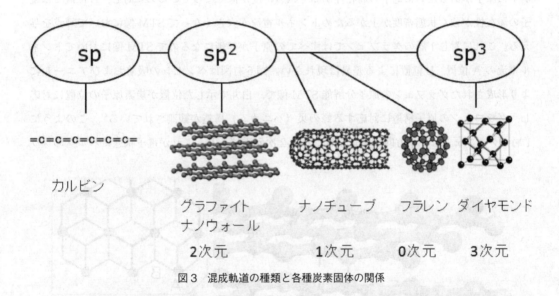

図3 混成軌道の種類と各種炭素固体の関係

表1 グラファイトとダイヤモンドの諸物性の比較(括弧内は面直方向の値)

	グラファイト	ダイヤモンド
結合長 (Å)	1.421, (3.348)	1.545
原子密度 ($10^{23}cm^{-3}$)	1.14	1.77
密度 (gcm^{-3})	2.26	3.52
融点 (K)	4450	4500
電気伝導度 (Ωcm)	50×10^{-6}, (1)	1×10^{20}
熱伝導率 ($Wcm^{-1}K^{-1}$)	30, (0.06)	25
モース硬度	1-2	10

格子のグラフェンシートが互い違いにずれて積層した構造となっている。すなわち図のAの位置の直上には上の層の原子が存在するが，Bの位置の直上は蜂の巣の六角形の中心位置となって原子はなく，2層上では再び原子が存在する構造となっている。平面内の原子位置の関係を図4の挿図に示してある。したがってグラファイトは2層で単位構造を形成することになる。グラファイトのユニットセルの基本ベクトル（$\vec{a}_1, \vec{a}_2$）を図5に示す。グラファイトの結晶構造の特徴である，蜂の巣格子，ユニットセルに2個の原子，が，グラフェンの電子物性に特異性をもたらしている。この詳細については，例えば文献2)を参照されたい。1枚のグラフェンシートでは区別されない位置A，Bの原子が，積層によって区別されるのを視覚的に見ることができるのは原子分解能で結晶構造の観察が可能な走査トンネル顕微鏡（STM）像である。図6の左上図はグラファイトのSTM像[3]であるが，蜂の巣格子ではなく三角格子が現れている。これは図6の左下図の模式図に示すように，上で述べたB位置の原子のみが観測されている。A位置では1層下に原子があるために電子の局在性が弱く状態密度が低くなっているのに対し，B位置では電子の局在性が強く状態密度が上がるためトンネル電流が大きくなってSTM像において輝点を与える。これに対し1層のグラフェンではすべての原子が等価になるのでSTM像においてトンネル電流のA位置，B位置による差異は現れない。図6右図はベンゼンの吸着およびアニールにより形成されたグラフェンの原子分解能STM像で，白丸で示した位置が炭素原子の位置に対応し，グラフェンの原子構造に対応する蜂の巣（ハニカム）構造が観測されている[4]。このように1層のグラフェンは上下方向に構造をもたない2次元系であり，これが電子状態にバルクのグラ

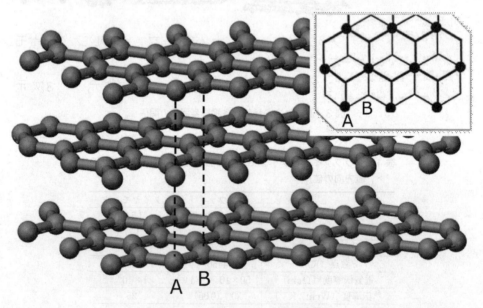

図4　バルクグラファイトの結晶構造

第5章 カーボンアロイ触媒の機能

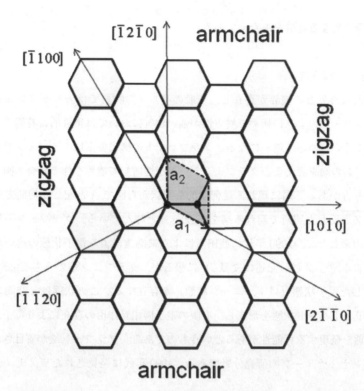

図5 グラフェンのユニットセル（ハッチ部分）と基本ベクトル $\vec{a}_1, \vec{a}_2$
代表的な結晶方位を示す。

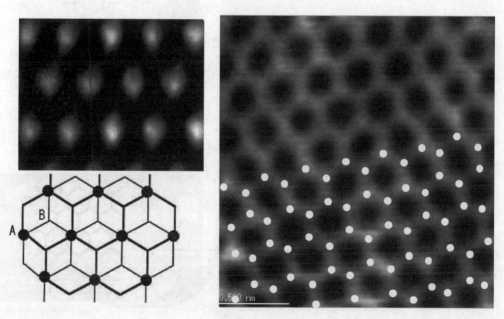

図6 （左）バルクグラファイトのSTM像，模式図のB位置の原子のみが見えている，（右）グラフェンのSTM像，六角形のすべての原子が見えている

ファイトとは全く異なる特徴をあたえている。

1.5 グラフェンの端構造

すべての物質は外界との境界が存在し，一般のバルクの物質では表面が境界面となる。グラファイト，グラフェンのように極めて異方性が強い物質においては物性的に特異性をあたえる境界は表面ではなくいわゆる「端」になる。グラファイトの構成要素はグラフェンであるから，以下ではグラフェンの端を考える。グラフェンシートを切断して境界を作る場合，図7に示すように2種類の切り方がある。端に現れる幾何学的な形状から図でAと記した切断方向による端をarmchair端，Zと記した切断で現れる端をzigzag端と呼んでいる。グラフェンの端構造が着目された歴史的由来として，1990年代に藤田らにより端構造による電子状態の違いが理論的に示されたことによる[5,6]。詳しい記述は文献7)に譲るが，グラフェン端のうちzigzag端においてのみ端に局在した電子状態（以下，エッジ状態）が存在する。この状態はk空間の広い領域で分散がないフラットバンド状態を形成し，有限の電子間相互作用の存在により電子スピン間の秩序，強磁性状態を発現する可能性があるというものである。グラフェン端が着目されたもう一つの系はカーボンナノチューブの研究分野である。1990年代に発見されたナノチューブはその巻

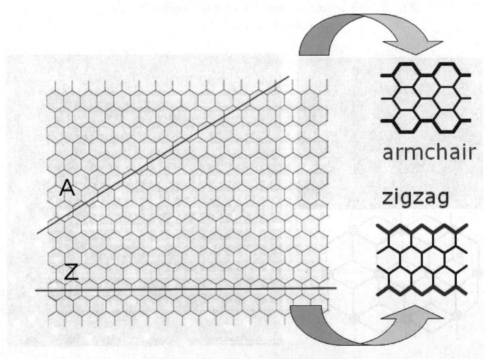

図7　グラフェンシートの2種類の切断
方位は図5も参照。

第5章　カーボンアロイ触媒の機能

き型 (chirality) によりチューブの端の構造が変化し，その基本形となるのが上記の armchair 端，zigzag 端である[8]。これらの2つの分野でその形が注目され理論的には研究が進んだものの，実験的に端を制御して作る，どちらかの端を単離する，ことの困難さに加え，試料全体に占める端の割合が小さいために実験的に検知することが難しい理由により実験的な研究は最近まで大きな進展は見られなかった。図8にグラフェンをほぼ円形に切り出した擬似的な巨大芳香族分子の直径と，全原子に占める端原子の割合を示したが，これからわかるように直径がたとえ10nmであっても端原子の割合は10%弱である。したがって端原子が関わる現象を巨視的に発現させようとすれば，すくなくとも数nmスケールの系を用意する必要がある。

1.6　グラフェン端構造の実験的検証

前述したようにグラフェンには zigzag 端，armchair 端の2種類の端構造が存在するが，実際の結晶の端は両者が混在することも予想される。例えばX線あるいは電子線回折によって結晶のマクロの方位がわかった場合でも，図9に示すように原子レベルで見た場合には逆の端構造が優先であることもあり得る。よく知られている例では岩塩型イオン結晶を (111) 面を出すように切断しても，原子レベルでは安定な (100) 面のファセットで構成されている。グラフェンの

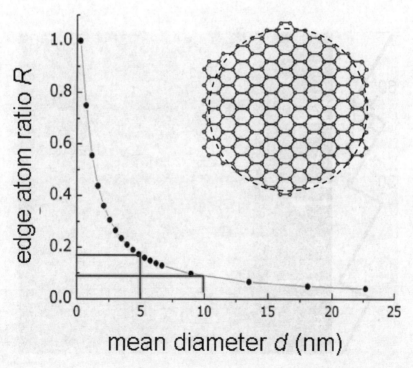

図8　仮想的芳香族分子（挿図）のスケール（平均直径）と端原子の比率の関係

端の場合でも仮想的芳香族分子の計算，あるいはグラフェンの第一原理計算でも zigzag 端よりも armchair 端のほうがエネルギー的に安定であることが示されている。したがって実験的に端構造を決定するには，原子分解能を持つ STM 法を用いて直接的に確認するか，あるいは端の違いによって現れる物性の違いを検知して間接的に評価するかのどちらかである。

まず直接的な検知法である STM の実験例を紹介する。Enoki ら[9]，Fukuyama[10] らのグループはバルクのグラファイト結晶を剥離した時に現れる結晶端を STM を用いて観察した。その一例

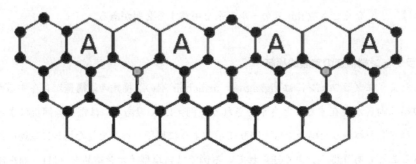

図9 擬似ジグザグ端

黒丸の位置にのみ原子が存在。大きいスケールで見るとジグザグ端に平行であるが，原子レベルでは A で示したアームチェア端成分が多い。

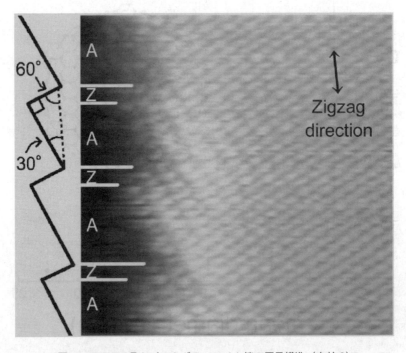

図10 STM で見たバルクグラファイト端の原子構造（文献9）

第5章　カーボンアロイ触媒の機能

を図10に示す。端はzigzag端とarmchair端が混在している。われわれのグループは炭化水素の分解によって金属単結晶表面上へのグラフェンの成長をおこなっている。以下では化学的に合成したグラフェンの端状態の解析結果について紹介する。化学気相成長（CVD）手法によるグラフェンの成長で使われる原料炭化水素は，エチレン，プロペン，ベンゼン，が多い。また，分解重合する際に触媒作用をする単結晶金属としてはPt, Ni, Ir, Ruなどの遷移金属である[11]。われわれはPt(111)面にベンゼンを曝露吸着させ，吸着後のアニールによりグラフェンを作製した。図11に室温で吸着させアニールにより成長したナノグラフェンのSTM像を示す[4]。六角形状のグラフェンが多数成長しているのがわかる。このグラフェンに対して原子分解能のSTM像を測定すると，図6右図のように炭素原子が蜂の巣格子状に並んだものが観察される。このように原子分解能が得られている試料の端構造を観測した一例を図12に示す。左に示すようなzigzag端と，右に示すようなarmchair端の両者が観測される。端の原子列に沿って測定したラインプロファイルを下に示す。armchair端では炭素原子対が4.24Åの周期を作っている様子が，zigzag端では原子の有無に対応するサイン波的な周期2.44Åのプロファイルが観測される。ドメインの中には，六角形ではなく，図13に示すようにzigzag端とarmchair端が混在するものも見受けられる。原子分解能の像が得られているグラフェン端について，図13右に示すように端の構造を確定すると，zigzag端が数ユニット（ベンゼン環一つを1ユニットと考える）だけ連続する部分も多く存在する。理論ではzigzag端の原子が3ユニット連続すれば局所的な電子

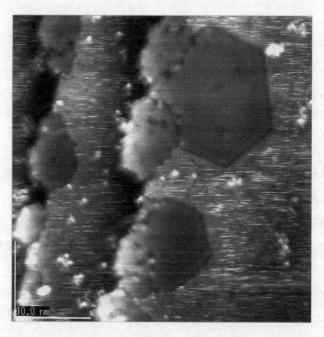

図11　ベンゼンの縮合重合でPt(111)面上に成長したグラフェン

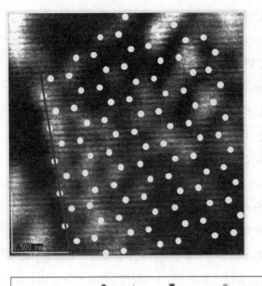 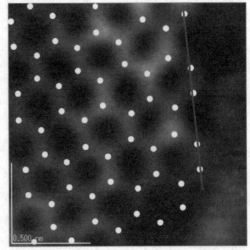

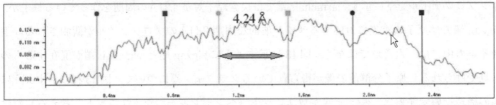

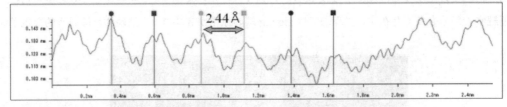

図12 ナノグラフェン端の原子構造

（上左）ジグザグ端 100nm×100nm。V_s=4.0V, I_t=0.1nA。（上右）アームチェア端 100nm×100nm。V_s=4.0V, I_t=0.1nA。端位置に沿って測定したラインプロファイル，（中）アームチェア端，（下）ジグザグ端。

状態が現れるとされているので六角形のドメインの一辺がすべて zigzag 端でなく図13のような入り組んだ構造であっても zigzag 端特有の物性が発現すると期待される。

　原子分解能で端の構造が観測されたグラフェンドメインについて，zigzag 端および armchair 端上の原子数を各ドメインごとにプロットしたものが図14である。図中の点線がドメイン周りの armchair 端と zigzag 端の数が等しくなるラインであるが，観測した31ドメインのすべてで zigzag 端上の原子の方が多く，なかでも10%のドメインでは端がすべて zigzag 端に囲まれていた。図中の実線は分布の平均を示すもので，zigzag 端上と armchair 端上に存在する原子比は2.67である。したがって Pt(111) 上へのベンゼン曝露，870K アニールで生成したナノグラフェ

第5章　カーボンアロイ触媒の機能

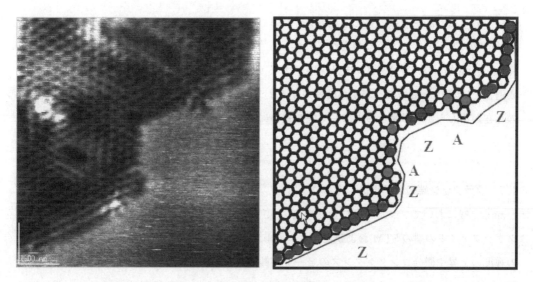

図13　ジグザグ端とアームチェア端の混在するナノグラフェンの端
（左）STM像 6nm×6nm。V_s = 0.003V，I_t = 1.0nA，（右）模式図，ジグザグ端の属するベンゼン環を灰色で示す。

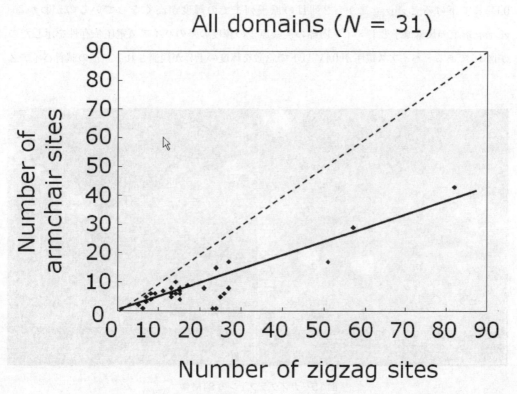

図14　ナノグラフェンドメインの端の形状
各ドメインについてアームチェア端上の原子とジグザグ端上の原子の数を示す。

ンについては，zigzag端の占める割合が70%以上である。Ru上に成長したグラフェンの端もzigzag端になっているという報告がされている[12]。エネルギー的にはFermi準位近傍に状態を持つzigzag端のほうがより不安定と考えられるが，化学気相成長（CVD）のような非平衡な形成過程ではzigzag端のほうが結晶成長のカイネティクス上有利であること，あるいは金属基板の存在がなんらかの影響をおよぼしているためにzigzag端の安定化が図られていると考えられる。

1.7 グラフェン端の電子状態

zigzag端においてフェルミ準位近傍の高い状態密度が理論的に予測されている。また，バルクグラファイトの端のSTMおよび走査トンネル分光スペクトル（STS）から，zigzag端近傍での輝度の上昇や微分コンダクタンスのピークが観測されている[9,10]。ボトムアップ的な手法で作製されたナノグラフェンでも，同様な輝度の上昇が観測された。図15はすべてzigzag端で囲まれたナノグラフェンドメインのSTM像を，試料のバイアス電圧を変化させて観察したものである。バイアス電圧が0.4Vではグラフェンの端は内部と同じ輝度に見えるが，バイアス電圧を0.1Vまで下げるとzigzag端から2列目の原子列までの輝度が高くなっているのがわかる。zigzag端上の炭素原子とドメイン内部の炭素原子の輝度の差のバイアス電圧依存性を示したのが図16である。バイアス電圧が0.1V以下で急激な輝度の上昇が観測される。正の試料バイアス

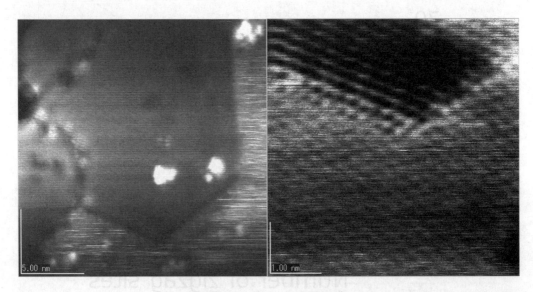

図15 ナノグラフェンのSTM像
（左）20nm×20nm，V_s=0.4V，I_t=0.1nA，（右）V_s=0.1V，I_t=0.8nA。右は左に観測される六角形ドメインの下部を拡大したものである。

第5章 カーボンアロイ触媒の機能

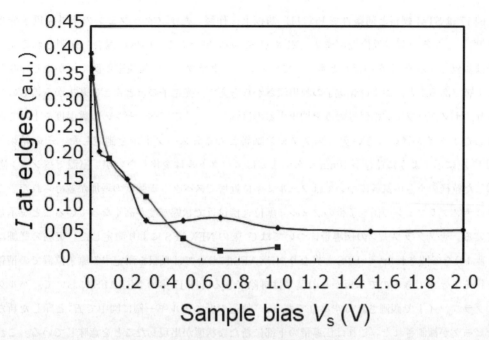

図16　ジグザグ端炭素原子と内部炭素原子の輝度の差の試料バイアス電圧依存性
　　　2本のグラフは異なる場所のデータ。

電圧は空準位のトンネル電流に対応するので図16のピークはナノグラフェンの伝導帯の状態密度においてフェルミ準位近傍にピークが存在することを意味している。一方，負の試料バイアス電圧側においても図16と同様なバイアス電圧依存性が観測されており，ナノグラフェン zigzag 端の状態密度においてフェルミ準位の上下で状態密度のピークが確認された。armchair 端においてはこのようなバイアス電圧依存性は全く観測されなかった。図15および16の結果は，ナノグラフェンの zigzag 端において空間的かつエネルギー的に局在した状態（エッジ状態）が存在することを明らかに示している。

　以上，示したようにナノグラフェンの zigzag 端におけるエッジ状態の存在が局所的解析から明らかになった。いかなる大きさのグラフェンにおいてもその端は必ず存在するので zigzag 端があればエッジ状態は発現するはずであるが，第5項でふれたようにグラフェン中の全炭素原子に占める端原子の比率が大きくならない限り，端の性質はマクロには現れない。ボトムアップ手法によるナノグラフェンの作製は，現在のところ zigzag 端と armchair 端を制御して作製することには成功していないが，前項までに説明したように結果として zigzag 端が多くなっているので平均ドメイン径を小さくすれば全炭素原子数に対する zigzag 端炭素原子数の比率も高くなり，それが発現する物性がマクロな測定法でも観測可能と期待される。ここでは電子分光によるナノグラフェン系のエッジ状態の探索結果を紹介する[13]。

図17はSTM観察と同条件でPt(111)基板上に作製したナノグラフェンの紫外光電子分光（UPS）とX線吸収端近傍微細構造（NEXAFS）の結果である。UPSの場合，観測される光電子は基板であるPtからの信号と重なっている。ナノグラフェンの被覆率が低く，かつその厚さが1層であること，および光電子の脱出深さから考えて，光電子のほとんどは基板からのものであり，ナノグラフェンの信号のみを抽出するのは難しい。そこでベンゼンの曝露温度を上げて作製したドメイン径の大きいナノグラフェン試料との差分スペクトルを測定した。その結果，図17左に示すように粒径が10nmくらいまではスペクトルは変化しないが，室温でベンゼン曝露した粒径の小さい試料についてはフェルミ準位近傍でスペクトル強度の増加が認められた。これはナノグラフェンの価電子帯のフェルミ準位近傍付近で状態密度が高くなっていることを示している。ナノグラフェンの伝導帯についてはC 1sのNEXAFSにより測定した。実験の詳細は文献10)を参照されたい。UPSと異なりNEXAFSにおいては吸収を測定する原子位置での情報を得ることができるので基板からの信号は排除できる。図17中のNEXAFSにおいて，バルクのグラファイトで観測される空準位であるπ^*軌道の低エネルギー側に図中でE^*と印した新たなピークが観測された。これは伝導帯の下部に新たな状態が出現したことを意味している。これらの結果から，ナノグラフェンにおいては図17右に模式的に示したように，本来のπ，π^*軌道に由来する状態密度に加えてフェルミ準位付近に状態密度のピークの存在が示唆される。マクロな分光法でグラフェンのエッジ状態が観測されたのは本実験が初めてであり，これは粒径の小

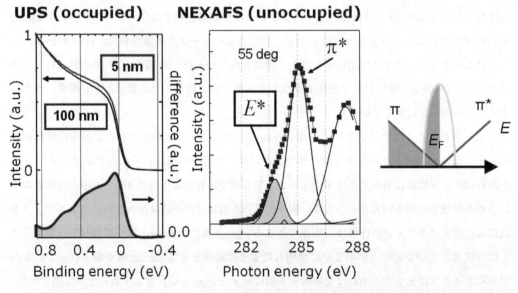

図17 ナノグラフェンのUPS（左），NEXAFS（中）スペクトルと状態密度の模式図（右）

第5章　カーボンアロイ触媒の機能

さいナノグラフェンを選択的に成長できたことの成果である。

1.8　グラフェンの欠陥構造

グラフェンの欠陥の代表的なものを図18に示す。原子が抜けた空格子点V（vacancy），ダイマーで抜けた双空格子点D（divacancy），付着原子A（adatom），は通常の物質でも見られる欠陥である。グラフェンの場合には提唱者の名にちなんだStone Wales欠陥というものが存在する[14]。図中のSWと記したものがその欠陥構造にあたるが，点線で示した本来の原子位置のダイマーが90度回転することによって，ダイマーに接していた4つのベンゼン環が2つの5員環と2つの7員環になるというトポロジカルな欠陥である。これは，元々フラレンの形成や重合などの構造変化を説明するために考えられたものであり，グラフェンを始めとしてsp^{2}ネットワークの分子であるナノチューブなどのナノカーボン系に広く存在すると予測されている欠陥である。グラフェン構造の欠陥についてはSTM観察や[15]，シミュレーションにより研究されている[16]。図19にベンゼンの縮合重合によりPt(111)基板上に形成したグラフェンの欠陥に対応する

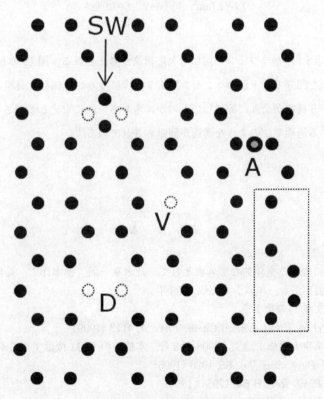

図18　グラフェンの欠陥
V；空格子点，D；双空格子点，A；付着原子，SW；Stone Wales欠陥。

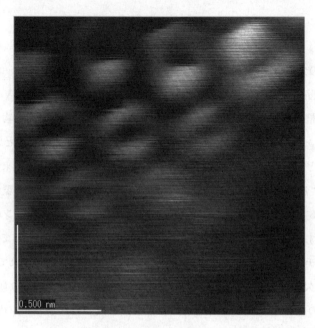

図19 STM像に観測される原子スケールの欠陥
$1.7 \times 1.7 nm^2$, $V_s = 0.4V$, $I_t = 0.98nA$。

STM像の一例を示す[4]。グラフェンの端にも欠陥構造が考えられる。図19の右端のzigzag端において点線で囲った部分では下側のベンゼン環が7員環になり，上側は5員環となっている。理論的には7員環と5員環が交互に配列したものがエネルギー的に安定と予測され[17]，実験的には端の原子が移動する過程でこのような構造が観測もされている[18]。

文　　献

1) グラフェンに関する全体的な参考書として，斉木幸一朗，徳本洋志　監修，グラフェンの機能と応用展望，シーエムシー出版 2009年
2) 青木秀夫，文献1)の第1章
3) F. Atamny *et al.*, *Phys. Chem. Chem. Phys.*, **1**, 4113 (1999)
4) 山本麻由，東京大学修士論文，2008年3月，本稿内のSTM像はすべて本論文による。
5) M. Fujita, *J. Phys. Soc. Jpn.*, **65**, 1920 (1996)
6) K. Nakada, *Phys. Rev.*, **B 54**, 17954 (1996)
7) 初貝安弘，文献1)の第2章
8) M. S. Dresselhaus *et al. ed.*, Carbon natubes, Springer-Verlag, 2001

第5章　カーボンアロイ触媒の機能

9) Y. Kobayashi *et al.*, *Phys. Rev.*, **B 73**, 125415 (2006)
10) Niimi *et al.*, *Phys. Rev.*, **B 73**, 085421 (2006)
11) 金属単結晶上の成長例は，文献1)の第16章を参照のこと
12) L. Va'zquez de Parga *et al.*, *Phys. Rev. Lett.*, **100**, 056807 (2008)
13) S. Entani *et al.*, *Appl. Phys. Lett.*, **88**, 153126 (2006)
14) A. J. Stone and D. J. Wales, *Chem. Phys. Lett.*, **128**, 501 (1986)
15) G. M. Rutter *et al.*, *Science*, **317**, 219 (2007)
16) H. Amara *et al.*, *Phys. Rev.*, **B 76**, 115423 (2007)
17) P. Koskinen *et al.*, *Phys. Rev.*, **B 80**, 073401 (2009)
18) Ç. Ö. Girit *et al.*, *Science*, **323**, 1705 (2009)

2 カーボン触媒の高性能化

尾崎純一*

2.1 ナノシェルの微細化

前節において,ナノシェルの活性はその表面の乱れに基づくものであり,その乱れの導入のためにはナノシェルの微細化が重要であることを述べた。本節では,はじめにナノシェルの形成過程とそれに基づくナノシェル微細化の実際を紹介する。次いで,ナノシェルを限られた空間（confined space）で形成させる微細化について述べることにする。

2.1.1 ナノシェルの形成過程と微細化

ナノシェルの形成には金属元素の存在が必要である。特に従来の触媒黒鉛化[1]や炭素析出[2]において,遷移金属微粒子が結晶化やナノファイバーなど微細構造をもつ炭素の形成にかかわっているという点に着目した。

従来,炭素原料となる有機高分子にフタロシアニンなどの錯体を混合し,これを炭素化することでナノシェルを調製してきた（図1上）。フタロシアニンは難溶性の錯体であるため,原料中で図に示したように微結晶として存在している。炭素化に伴いフタロシアニンの熱分解が起こり,それにより配位子が外れて金属粒子が形成される。ここでできた金属粒子がナノシェル調製

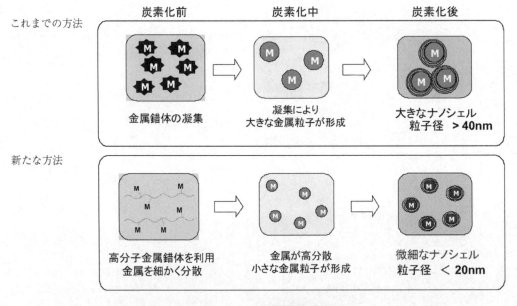

図1 ナノシェル形成過程の模式図
上段：従来の調製法,下段：高分子錯体を用いる新しい調製法

* Jun-ichi Ozaki 群馬大学 大学院工学研究科 環境プロセス工学専攻 教授

にかかわり，大きな金属粒子から大きなナノシェルが形成されていくものと仮定した。このメカニズムに従うのであれば，炭素原料中での錯体の凝集を妨げることで小さな金属粒子を形成させれば，微細なナノシェル，すなわち高い活性をもつナノシェルを調製することができると考えた。

2.1.2 高分子化錯体を用いた微細化[3]

ナノシェル形成を促すための試剤となる金属錯体を高度に分散させるために，ビニル系ポリマー主鎖にフタロシアニンを側鎖としたペンダント形錯体を合成し，それをフェノールホルムアルデヒド樹脂に添加，炭素化することで得られるナノシェルについて検討を加えた。

図2に，従来法で調製したナノシェルと，本法で調製したナノシェルの構造のTEM像を示す。従来法ではナノシェルの大きさにばらつきがあり，またナノシェルが発達していないアモルファス部も多数見受けられる。それに対し本法で調製したナノシェルは，粒子径が20nm程度と均一であり，またアモルファスが塊となって存在している部分はなかった。均一なナノシェルが形成された事実とアモルファスが偏在しない事実は，ナノシェル形成の試剤となるフタロシアニンが均一に分散されていることによりもたらされたものと考えられる。

得られたナノシェルを作用極とした酸素還元反応に対するボルタモグラムを図3に示す。従来法により調製したナノシェルに比べ，微細化ナノシェルを用いることにより酸素還元活性は大幅に増加していることがわかる。

この方法をさらに発展させたものとして，配位子そのものを高分子化する方法についても検討を行っており，上記のペンダント形ポリマーを用いた場合と同様に均一なナノシェルの形成と活性の増加を確認している。この点については別の機会にて述べることにする。

2.1.3 限られた空間を用いた微細化[4]

原料有機化合物の炭素化を限られた狭い空間で行えば，その空間によりナノシェルの成長が抑制されて微細なナノシェルの得られることが期待できる。そこで，原料高分子をナノファイバー

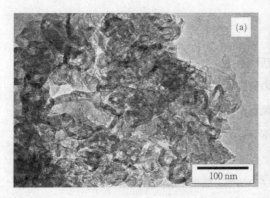 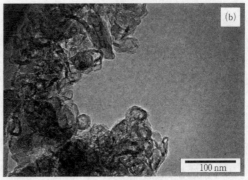

図2　従来法(a)と高分子錯体を用いる新しい方法(b)により調製したナノシェルの構造の比較

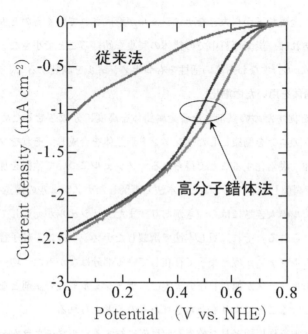

図3 従来法と高分子錯体を用いる新しい方法により調製したナノシェルの酸素還元活性の比較

化し,これを炭素化することで微細ナノシェルを形成することを試みた。

得られたナノファイバー中にはナノシェルが密に形成されていることが明らかになった。図4に酸素還元ボルタモグラムを示す。図にはナノファイバー化せずに同一原料より調製したナノシェル (Co-particle) および,コバルト粒子を添加せずにナノファイバー化した繊維 (No-metal-NF) の結果もあわせて示した。これより,同じ原料でも電界紡糸を行いさらにファイバー化することにより,高い酸素還元活性を有するナノシェルの得られることがわかる。

電界紡糸によるナノファイバー化が,どのようにして得られるナノシェルの酸素還元活性を向上させるのかを理解することは今後の課題である。

2.2 ナノシェルカーボンの高性能化

筆者らが明らかにした,炭素材料が酸素還元活性をもつためのもう一つの条件は,窒素とホウ素のドープである。筆者は単純に周期表で炭素の両隣にあるホウ素と窒素を導入したらどうなるかという興味で始めたのだが,最近窒素ドープ炭素が酸素還元活性に有効であるということから注目されつつある。窒素とホウ素の共ドープ炭素が示す酸素還元活性については,筆者のグループ以外にはあまり例を見ない。

以下,筆者らが行ってきた窒素・ホウ素ドープの結果を簡単に解説し,次にナノシェルに窒素をドープすることで高性能化をねらった研究について紹介することにする。

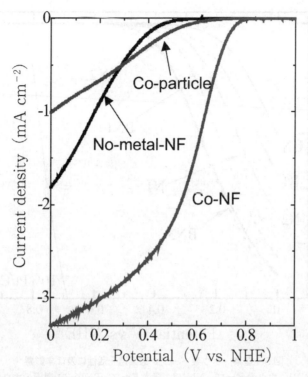

図4 電界紡糸法により調製したナノシェル (Co-NF) と基準試料 (No-metal-NF および Co-particle) の酸素還元活性の比較

2.2.1 窒素・ホウ素ドープ炭素の酸素還元活性[5~7]

窒素・ホウ素をドープした炭素材料は，既述のフラン樹脂に窒素源としてのメラミンとホウ素源としての BF_3-MeOH 錯体を混合し，これを炭素化したものである。得られた炭素の酸素還元ボルタモグラムを図5に示す。未ドープ試料 UN に比べて，窒素およびホウ素をそれぞれドープすることで酸素還元活性が向上することがわかる。さらに窒素とホウ素を同時にドープすることにより，その酸素還元活性はさらに向上する。炭素網面の大きさを X 線回折により検討したところ，窒素またはホウ素のドープは，形成される炭素網面を小さくすることがわかった。このことは，エッジ面の密度の増加を意味しており，ナノシェルの活性点が積層の乱れにより形成されたエッジであるという先述の結論に符合する。さらに，これらの炭素に含まれる窒素の状態をXPS により検討したところ，ピロール状窒素とピリジン状窒素といったグラフェンのエッジに存在する化学種の存在が確認された。さらに，ホウ素をドープした系では B-N-C 結合に相当する成分が 399eV に現れた[8]。これら3種の窒素をまとめてエッジ窒素と呼び，その存在量と酸素還元活性の間には正の相関のあることを示している。

現在，窒素の状態についてはさらにシンクロトロン放射光を用いた精密解析が東京大学の尾嶋

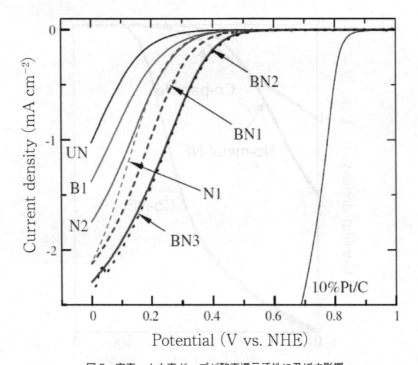

図5 窒素，ホウ素ドープが酸素還元活性に及ぼす影響
UN：未ドープ，B1：ホウ素ドープ，N1, N2：窒素ドープ，BN1〜3：窒素・ホウ素共ドープ試料

正治教授のグループにより検討され，グラフェンのエッジ近傍に存在する3配位の窒素が活性に関与しているとの指摘がなされている[9]。さらに，この結果の妥当性については，北陸先端大の寺倉清之教授のグループの行う第一原理量子力学計算により支持されていることをあわせて紹介しておく[10]。今後，モデル物質を用いた電気化学的酸素還元活性の評価と分光学測定を進めることでその理解はさらに深まることが期待される。

2.2.2 ナノシェルへの窒素ドープ[11]

筆者のグループではナノシェルへの異種元素のドープに関し，ナノシェルを形成する段階で行う方法と，できあがったナノシェルに対してさらに処理を行い導入する方法の両方について検討を行っている。ここでは，後者の方法により活性の向上を図った例について紹介する。

アンモオキシデーション法とは，空気とアンモニアを同時に高温状態にある炭素材料に接触させ，それにより窒素を導入させる手法である。筆者らはコバルトフタロシアニンをナノシェル形成試剤として用い調製したナノシェルに対してこの処理を施し，ナノシェル表面への窒素ドープを行った。図6には酸素還元活性をアンモオキシデーション反応の温度の関数として表したプロットを示す。これよりアンモオキシデーションの反応温度は，ナノシェルの酸素還元活性に大きな影響を与えることがわかる。このように，ナノシェルへの窒素ドープは，その酸素還元活性

第5章　カーボンアロイ触媒の機能

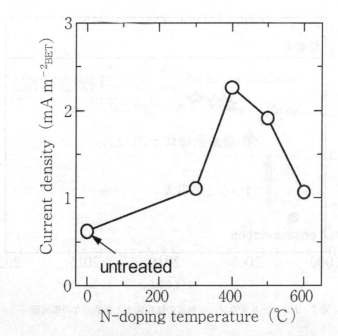

図6　ナノシェルの酸素還元活性に及ぼすアンモオキシデーション温度の影響

をさらに向上させるために重要な操作であることが明らかになっている。

　筆者らはナノシェルへの窒素ドープ法として，メカノケミカルドーピングや賦活を行った後に窒素ドープをする方法など，炭素材料を専門に扱う者ならではの検討を行っている。

2.3　おわりに

　図7は，酸素還元反応の電位が年とともにどう変化したかを示したものである。まず，ナノシェルを導入することにより，電位は一気に300mVも増加する。ナノシェル形成試剤として窒素を含む錯体を用いることで，さらに200mV程度増加していることがわかる。本稿の2.2.2項で述べた窒素ドープなどの修飾を行うことで，その活性は，以前ほどではないが着実に伸びている。

　酸素還元電位の向上は燃料電池の実用化において重要なポイントであるが，いまや日清紡のプレス発表[11]にもあったように，炭素をベースとしたカソード触媒はかなり高いポテンシャルをもっていることは明白である。大学の研究者としては，なぜナノシェルは酸素に対して高い親和性をもっているのか，そしてそれは通常の炭素材料とは何が異なるのかといったベーシックな問題に取り組む必要があると考えている。このような基礎科学の理解が，今後立ちはだかるであろう壁を乗り越える際の強力な武器になると信じているからである。

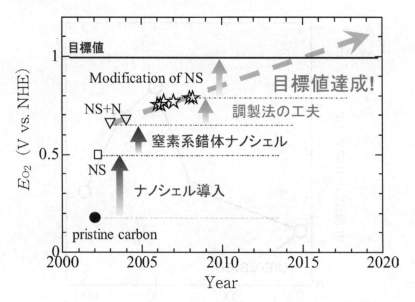

図7　ナノシェル系カソード触媒の性能向上と楽観的な将来展望

謝辞

本研究は平成17〜18年度NEDO固体高分子形燃料電池実用化戦略技術開発／次世代技術開発「酸素還元活性を持つナノシェル系炭素材料の調製，多孔質化およびそのカーボンアロイングによる活性化に関する研究開発」の委託を受けて行ったものである。関係各位に感謝する。

文　　献

1) A. Oya *et al.*, *J. Mater. Sci.*, **17**, 309 (1982)
2) R. T. K. Baker *et al.*, *J. Catal.*, **37**, 101 (1975)
3) 松本学ほか，第33回炭素材料学会年会要旨集，p374 (2006)
4) T. Kishimoto *et al.*, Carbon 2008 Extended Abstract, 16P-I-152 (2008)
5) J. Ozaki *et al.*, *Carbon*, **44**, 1324 (2006)
6) J. Ozaki *et al.*, *Carbon*, **44**, 3358 (2006)
7) J. Ozaki *et al.*, *Carbon*, **45**, 1847 (2007)
8) H. Niwa *et al.*, *J. Power Sources*, **187**, 93 (2009)
9) T. Ikeda *et al.*, *J. Phys. Chem.*, **C112**, 14706 (2008)
10) 山崎潤ほか，第34回炭素材料学会年会要旨集，p14 (2007)
11) 日清紡HP，http://www.nisshinbo.co.jp/news/news20090331_495.html

3 酸素還元活性と4電子還元選択性

守屋彰悟*

　カーボンアロイ触媒は様々な用途への展開が期待されている。しかしながら，その電気化学的特性はその原料や調製法により大きく異なる。尾崎らはフェロセン─ポリフルフリルアルコールから調製したカーボンアロイ触媒においてフェリシアン化物イオンの酸化還元特性を調べたところ，電気化学的な活性が高いことを示した[1,2]。さらに，褐炭に鉄を担持することでも電気化学的な活性が高いことも示した[3]。しかしながら褐炭ではポリフルフリルアルコールの場合よりも高い鉄担持量と熱処理温度が必要であることも同時に示しており，目的とするカーボンアロイ触媒を作製するためには電気化学的特性を調べ，適切な調製法を探索する重要性を示唆している。本稿では酸素還元反応を題材に電気化学的特性，特に回転リング・ディスク電極（RRDE，Rotating Ring-Disk Electrode）法を用いたカーボンアロイ触媒の特性について述べる。

3.1 回転リング・ディスク電極（RRDE）法

　カーボンアロイ触媒を固体高分子形燃料電池（PEFC，Polymer Electrolyte Fuel Cell）のカソード電極における白金代替触媒として研究を行う際，酸素還元反応を評価する必要がある。

　カソード電極上では以下の2種類の反応が起こる。

$O_2 + 4H^+ + 4e^- \rightarrow 2H_2O$

$O_2 + 2H^+ + 2e^- \rightarrow H_2O_2$

　上は4電子還元反応，下は2電子還元反応と呼ばれ，カソード電極用触媒として使用するときは4電子還元反応が望ましく，2電子還元反応の割合を低くする必要がある。2電子還元反応でできる過酸化水素はヒドロキシラジカルを発生させ，MEA（Membrane Electrode Assembly）の劣化に関与することが言われており[4]，4電子還元反応性を高めることはMEAの耐久性を高めるためにも必要である。白金はほぼ100%が4電子還元反応であるが，カーボンアロイ触媒においては未定であり，2電子還元反応性を確認することはその後のMEA等における評価に大きな影響を与える。筆者らは酸素還元活性の測定，反応電子数の測定を同時に行うため，回転リング・ディスク電極法（RRDE法）を用いた検討を行っている。

---

　* Shogo Moriya　東京工業大学　大学院理工学研究科　有機・高分子物質専攻　プロジェクト研究員；日清紡ホールディングス㈱　新規事業開発本部　新規事業開発室　室員

RRDE 法は1959年にFrumkinらによって開発された。その後，様々な電気化学反応の研究に利用されている。RRDE法は図1に示すようなリング・ディスク電極を用いる。ディスク電極の周囲に同心円状の絶縁物が，その外側に同心円状のリング電極が固定されている。回転制御装置を用いてリング・ディスク電極を回転させ，電解セル内の溶液の強制対流を起こし，ディスク電極からリング電極方向に溶液を対流させる。リング電極とディスク電極の電位をそれぞれ独立にコントロールすることでディスク電極上での生成物をリング電極上で検出することができる。酸素還元活性を調べる際に，ディスク電極は電位を変化させて各電位での電流を測定し，リング電極は電位を保持して以下に示す過酸化水素の再酸化を起こすことで過酸化水素の発生を検出している。

ディスク電極上では図2に示すような2種類の反応が起こっている。

図2(a)においてはディスク電極上で以下に示す反応，4電子還元反応，が起こっている。

$$O_2 + 4H^+ + 4e^- \rightarrow 2H_2O \quad (E^\circ = 1.23V)$$

この反応はリング電極上においては起こらない。

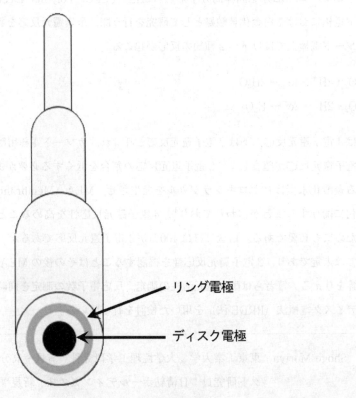

図1 リング・ディスク電極概略図

第5章　カーボンアロイ触媒の機能

また，図2(b)においてはディスク電極上で以下に示す反応，2電子還元反応，が起こっている。

$$O_2 + 2H^+ + 2e^- \rightarrow 2H_2O_2 \quad (E^\circ = 0.70V)$$

この際，リング電極の電位を十分に高く保持していれば（通常1.1V程度）過酸化水素の再酸化が起こる。

$$H_2O_2 \rightarrow O_2 + 2H^+ + 2e^-$$

このディスク電極及びリング電極上を流れる電流を測定することにより，それぞれの電極上で

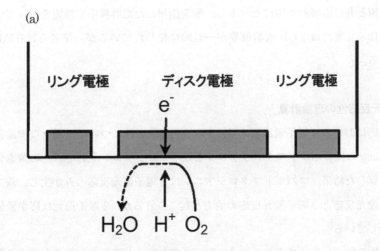

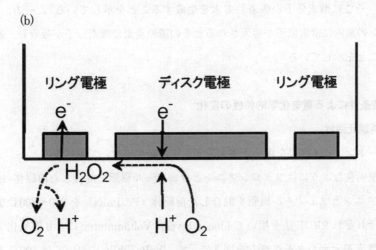

図2　リング・ディスク電極上における酸素還元反応
(a) 4電子反応，(b) 2電子反応とリング電極上での再酸化反応

起こる反応の情報を別途にとらえることができる。

　ここで過酸化水素の生成を定量的に扱うためには過酸化水素がディスク電極からどの程度リング電極へ輸送されて捕捉されるかを知る必要がある。これを捕捉率と呼び，これはリング及びディスク電極の形状だけで決まる値である。そこで理論的な計算によって捕捉率を表すこともできるが，電極表面の微妙な凹凸等のために理論値と一致した捕捉率をとらないこともあり，使用するリング・ディスク電極を用いて捕捉率を求めることもできる。これらの理論式や捕捉率を求める実験方法についてはよく書かれた実験書が多数あるのでそちらを参考されたい。

　筆者らはリング電極は白金を，ディスク電極はグラッシーカーボンを使ったリング・ディスク電極を用いている。このディスク電極上に，ナフィオンと混合したカーボンアロイ触媒を塗布し，対極，参照電極と共に電解セル中にセットし，酸素飽和した電解液中で測定を行っている。電解液は $HClO_4$，H_2SO_4 または KOH 水溶液等が一般的に使われているが，筆者らは 0.5M H_2SO_4 を主に用いている。

3.2　酸素還元反応性の理論計算

　酸素還元反応における4電子還元反応性，2電子還元反応性については様々な理論計算がなされている。Wang らはコバルトフタロシアニンと鉄フタロシアニンそれぞれへの酸素分子の吸着しやすさを計算した結果，コバルトフタロシアニンは2電子還元反応のみが生じ，鉄フタロシアニンは4電子還元反応と2電子還元反応の両方が起こりうるが，2電子還元反応が優位に進みやすいことを示している[5]。

　Ikeda らはグラフェンのジグザグエッジの根元に窒素原子が導入されることでその隣の炭素が活性化され，そこに酸素分子が吸着して水を生成することを示している[6]。一方，Reyimjan らはグラフェンの面内に窒素原子が導入されるとその隣の炭素に酸素分子が吸着し，過酸化水素が生成されることを示している[7]。

3.3　熱処理条件による電気化学的特性の変化

3.3.1　酸素還元活性

　以下にカーボンアロイ触媒を用いた酸素還元活性の結果について述べる。

　鉄を3重量％含むように鉄フタロシアニンとフェノール樹脂を混合した前駆体（FePc/PhRs）とフタロシアニンとフェノール樹脂を混合した前駆体（Pc/PhRs）を200～800℃まで各温度で熱処理し，それぞれ RRDE 法を用いて Linear Sweep Voltammetry により電気化学的特性を調べた。その酸素還元ボルタモグラムを図3に示す。FePc/PhRs においては500℃まではほとんど活性が見られないのに対し，600℃で最高活性が観察された。その後，700℃，800℃では活性

第5章 カーボンアロイ触媒の機能

が低下した（図3(a)）。一方，Pc/PhRsにおいては600℃まで温度と共に酸素還元活性が上昇し，その後酸素還元活性は変わらなかった（図3(b)）。また，Pc/PhRsに比べ，FePc/PhRsサンプルの方が600℃以上では高活性であることが確認された。さらに酸素還元開始電位を $-10\mu A/cm^2$ を与える電位と定義し，酸素還元開始電位を測定し，その結果を表1に示した。酸素還元開始電位は活性点の質を示すものと考えられるが，FePc/PhRsにおいては200℃から500℃にかけて0.36Vから0.61Vまで上昇し，600℃で0.85Vとなり700℃及び800℃においては

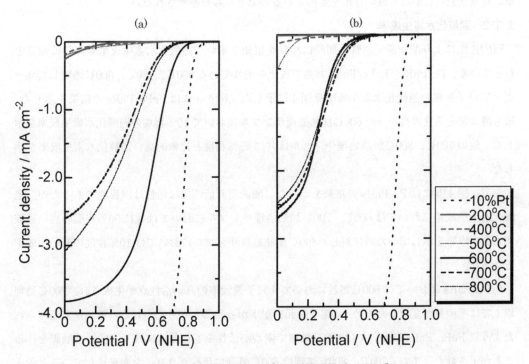

図3 各温度で熱処理したサンプルの酸素還元ボルタモグラム
(a) FePc/PhRs, (b) Pc/PhRs

表1 各温度で熱処理したサンプルにおける酸素還元開始電位

前駆体 焼成温度	FePc/PhRs	Pc/PhRs
200℃	0.36	0.11
400℃	0.50	0.26
500℃	0.61	0.26
600℃	0.85	0.63
700℃	0.79	0.67
800℃	0.78	0.69

（単位：V）

それぞれ0.79Vと0.78Vと活性が落ちるというボルタモグラムでの傾向と同様の傾向が得られた。また，Pc/PhRsにおいても200℃から600℃にかけて0.11Vから0.63Vへと上昇し，その後700℃では0.67V，800℃では0.69Vとほぼ変わらず，ボルタモグラムと同様の傾向を示した。

このことからPc/PhRsよりもFePc/PhRsにおいて活性の高い活性点が生じていることが示唆される。また，FePc/PhRsにおいては600℃処理において活性点が生じ700℃以上では活性点の質が変性，または量が減少することが考えられる。このような傾向が得られる理由として第4章に炭素化過程における鉄の作用を述べているのでそちらを参照されたい。

3.3.2 過酸化水素生成率

RRDE法により酸素還元活性と同時にリング電極を用いて過酸化水素生成率も同時に測定を行っている。Pc/PhRs，FePc/PhRs共通で電流の流れている600℃，700℃，800℃処理したカーボンアロイ触媒の過酸化水素生成率を図4に示した。図4(a)にはFePc/PhRsの結果を示した。最も酸素還元活性の高かった600℃加熱処理サンプルにおいて10％程度の過酸化水素生成率を示した。他の700℃，800℃加熱処理サンプルは共に25％程度と比較的高い過酸化水素生成率を示した。

一方，図4(b)にはPc/PhRsの結果を示した。酸素還元活性では活性は同程度であったが，過酸化水素生成率においては600℃，700℃加熱処理サンプルにおいては共に50％程度の高い過酸化水素生成率を示していたのに対し，800℃加熱処理サンプルにおいては10％程度の低い生成率であった。

FePc/PhRsにおいては600℃処理において4電子還元率の高い活性点が生成され，700℃処理以上ではその質が変化したため，4電子還元率が下がったことが考えられる。第3章で述べられたようにFePc/PhRsにおいては600℃処理で窒素が活性をもつ位置に残り高活性な触媒を作ることが示された。また，700℃，800℃処理は600℃処理に比べグラフェンが発達していると考えられる。600℃処理によってIkedaら[6]が述べているような活性点が生じ，700℃以上の熱処理によってグラフェンが発達し，Reyimjanら[7]の報告のように2電子還元性，すなわち過酸化水素生成率が上がったことが考えられる。

一方，Pc/PhRsにおいては鉄による炭素化の触媒作用が無いため，炭素化には高温が必要となり。そのため800℃でIkedaら[6]が述べているような活性点が生じるものの，窒素原子の多くは既に脱離しているため，過酸化水素生成率が低いものの，酸素還元活性も低い触媒となったものと考えられる。

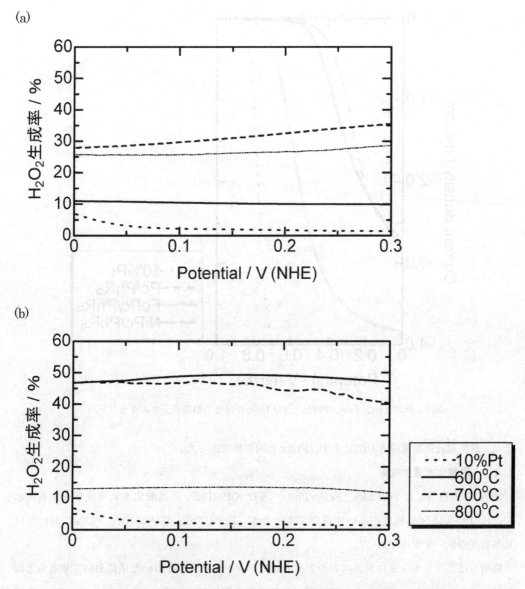

図4 各温度で熱処理したサンプルの過酸化水素生成率
(a) FePc/PhRs, (b) Pc/PhRs

3.4 添加金属による電気化学的特性の変化

3.4.1 酸素還元活性

次にニッケルを3重量%含むようにニッケルフタロシアニンとフェノール樹脂を混合した前駆体（NiPc/PhRs）を600℃で熱処理し，RRDE法によって測定した。その酸素還元ボルタモグラムを図5に示した。FePc/PhRs比べ活性が低く，Pc/PhRsとほぼ同等の酸素還元活性であった。

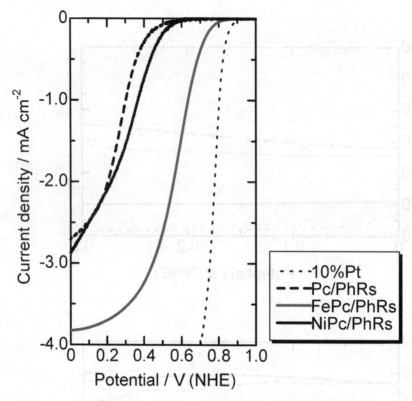

図5 Pc/PhRs, FePc/PhRs, 及び NiPc/PhRs の酸素還元ボルタモグラム

また，酸素還元開始電位も 0.63V と Pc/PhRs と同じ値であった。

3.4.2 過酸化水素生成率

600℃で熱処理した Pc/PhRs, FePc/PhRs, 及び NiPc/PhRs の過酸化水素生成率を図6に示す。Pc/PhRs は50%程度の高い生成率であったが，FePc/PhRs 並びに NiPc/PhRs においては10%程度の低い生成率であった。

尾崎らはニッケルフタロシアニンやアセチルアセトンニッケルを用いた系において筆者らと同様にニッケルフタロシアニンを用いた系では酸素還元開始電位が低いことを示している[1]。金属を用いることでグラファイト化は促進されるものの，活性点を生み出すためには特定の金属が重要な役割を担っていることが示唆される。今後，金属の持つ活性点生成機構についての解明が待たれる。

最後に，本節で示した通り，カーボンアロイ触媒はその前駆体の組成，添加金属の種類，加熱条件等によって電気化学的特性に大きな差がでる。酸素還元活性と過酸化水素生成率は相関がなく，そのメカニズム等については未だ不明な点も多い。PEFC用カソード電極触媒としての利用を考えるとさらなる活性の向上，過酸化水素生成率の低下が求められる。今後材料工学的アプ

第5章　カーボンアロイ触媒の機能

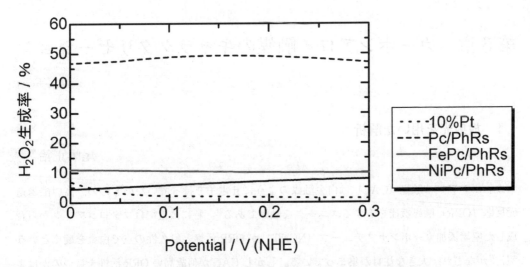

図6　Pc/PhRs, FePc/PhRs, 及び NiPc/PhRs の過酸化水素生成率

ローチや化学工学的アプローチを元に特性の向上が必要であろう。さらにメカニズムの解明のためには電気化学的測定に加え, 様々な分析を組み合わせることでメカニズムの解明に繋がっていくものと期待する。一方, 過酸化水素の生成を目的にカーボンアロイ触媒の調製を行う際には2電子還元性を高める必要があり, 筆者らとは別のアプローチが必要となるだろう。さらにカーボンアロイ触媒は酸素還元活性のみならず様々な用途への展開も期待されており, それぞれの用途にふさわしい調製法並びに電気化学的特性を見極め, 最適なサンプルを探索する必要がある。

文　献

1) 尾崎純一, セラミックス, **43** (2), 100 (2008)
2) J. Ozaki et al., *Carbon*, **36** (1-2), 131 (1998)
3) 尾崎純一ほか, 炭素, **165**, 268 (1994)
4) J. Healy et al., *Fuel Cells*, **5** (2), 302 (2005)
5) G. Wang et al., *Molecular Simulation*, **34** (10), 1051 (2008)
6) T. Ikeda et al., *J. Phys. Chem. C*, **112** (38), 14706 (2008)
7) A. Reyimjan et al., *J. Phys. Chem. B*, **110** (4), 1787 (2006)

第6章　カーボンアロイ触媒のキャラクタリゼーション

1　放射光を用いた解析

尾嶋正治*

カーボンアロイ触媒（CAC）は白金触媒のようにd電子を持っていないものの，高い酸素還元反応（ORR）触媒機能を有するユニークな触媒である[1]。特に最近ではフタロシアニンから合成した窒素添加カーボンナノチューブ（NCNT）がORR活性と耐久性の点で白金を凌ぐという報告[2]がなされ，大きな注目が集まっている。しかしCACが何故高いORR活性を持つのかはよく分かっていない。一般に触媒機能は価電子帯，および伝導帯の電子構造によって大きく支配される。つまり，対象となる反応の種類によってどういう電子構造が優れた触媒機能を発現させるのに適しているかが決まるため，電子構造の解析が活性メカニズム解明のカギとなる。

放射光はエネルギー（波長）可変性，高い指向性などの優れた特性を持っており，特に第3世代の放射光源からの高輝度放射光を用いることによって，高分解能で化学構造・電子構造を解析でき，また微量元素の電子構造も明らかに出来る。CACはカーボンを基本として主に窒素を不純物として数％以下添加した物質である。これまでに，透過型電子顕微鏡やX線回折によって一部が結晶化，すなわちグラファイト化している様子が観察されている。CACのORR活性メカニズムとしては，図1に示すように①添加窒素不純物の役割，②微量残留している遷移金属の役割[3]，③グラフェン中の欠陥[4]，の主に3種類が考えられる。いずれも，貴金属のようにフェルミ準位近くに高い状態密度（Density of States：DOS）を持つことが触媒活性の必要条件であると考えられている。特に①のモデルは，価電子を5つ持つ窒素を価電子4つの炭素で構成されるグラフェンシートに添加することで炭素原子のフェミル準位近傍のDOSが増加し，触媒活性が向上するというメカニズムである。高輝度放射光を用いることで，CACの電子状態，化学構造を解明することが可能であり，図2に示す硬X線光電子分光，X線吸収分光法，軟X線発光分光法，広域X線吸収端微細構造解析によって窒素および遷移金属の電子状態，化学構造が明らかになる。触媒機能との相関を調べることでORR活性メカニズムを解明することが出来る。さらに，放射光で決定した化学構造が何故ORR活性と結びつくかについては，量子化学計算を駆使する必要がある。

＊　Masaharu Oshima　東京大学　大学院工学系研究科　応用化学専攻　教授

第6章　カーボンアロイ触媒のキャラクタリゼーション

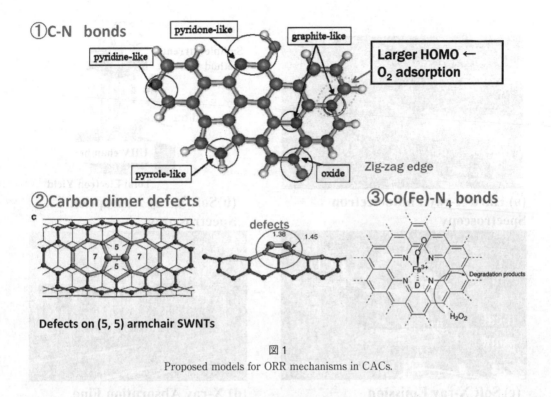

図1
Proposed models for ORR mechanisms in CACs.

しかし，通常の放射光解析では乾燥させた触媒を超高真空中に入れて測定するため，実際の燃料電池で発電中の触媒（水浸し状態）とは環境が大きく異なる。従って，真に触媒活性と相関のある化学構造を測定するためには，新しい試料保持方法を工夫する必要がある。我々はSPring-8の東京大学軟X線ビームラインにおいて in situ 燃料電池解析システムを構築してこの問題を解決する試みを行っている。

1.1　CAC中窒素不純物の化学構造・電子構造解析：硬X線光電子分光と軟X線吸収分光

硬X線光電子分光とは，4〜8 keVの硬X線を試料に照射し，放出される光電子の運動エネルギー（数keV）を分析する手法で，高い運動エネルギーを持つ光電子は深い領域から放出されても減衰しないため，約10nmのプローブ深さ（強度が1/eに減衰する長さ）で各元素の内殻の化学シフトが分析できるという特長を持つ。さらに2組の結晶分光器を組み合わせることにより約100meVのエネルギー分解能で化学構造を解析出来る。これは通常のX線光電子分光（XPS）がプローブ深さ2〜3nm，エネルギー分解能約0.5eVであるのに比べて大変優れた分析手法である。カーボンアロイ触媒は直径20〜50nmのナノシェル構造を持っているため，プローブ深さがナノシェルの半分以下であり，主にナノシェル構造の表層部からの信号を検出する。

様々な製法で作製したCACを硬X線光電子分光で分析したところ，ほとんどが炭素から構成

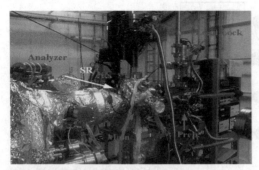
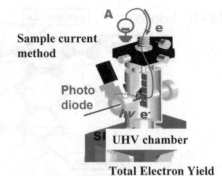

(a) Hard X-ray Photoelectron Spectroscopy

(b) Soft X-ray Absorption Spectroscopy

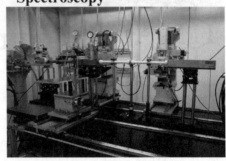

(c) Soft X-ray Emission Spectroscopy

(d) X-ray Absorption Fine Structure

図2
Experimental setups for HXPES, XAS, XES and XAFS to analyze CACs.

されているが,かなりの量の酸素と微量の窒素が検出された。また,Co(Fe)-フタロシアニンをフェノール樹脂と混合させて高温で炭素化したCACでは微量のCoやFeが検出された。試料は大気中を運搬して測定装置に導入しており,CAC表面が酸化されたためか,あるいは水分やゴミが付着したために酸素が多く検出されたものと思われる。酸素還元反応活性が高い触媒では一般に酸素吸着が大きいと考えられるが,上記理由によって酸素ピークと触媒活性の相関を求めることは現状では困難である。

そこで,最も重要と考えられる添加窒素と触媒活性の相関を調べた。結果を表1に示す。いずれの試料も窒素濃度は0.5at%から2at%の範囲にあったが,製法(窒素含有原料化合物を加熱する練り込み法(N),カーボンブラックにアンモニアガスで窒素を添加するアンモオキシデーション法(AO),Co-フタロシアニンとフェノール樹脂を加熱するCoPc炭素化法)によって窒素濃度に違いがあり,触媒活性との明確な相関は見られなかった。しかし,図3に示すように,触媒活性の高い「CoPc+フェノール樹脂を900℃で炭素化」した試料と活性の低い「アンモオ

第6章 カーボンアロイ触媒のキャラクタリゼーション

表1
Nitrogen concentrations, onset voltages and current densities for various CACs.

Sample	N/C	E_{onset}(vs. NHE)	$f_{0.4}$(mA cm^{-2})	$f_{0.4\ BET}$(mA m^{-2} BET)
AO50	0.014	0.58V	−0.12	−0.5
AO90	0.012	0.57V	−0.07	−0.3
N1	0.005	0.45V	−0.03	−0.4
N2	0.021	0.45V	−0.03	−1.2
CoPc-ph-900	0.008	0.74V	−0.30	−4.0

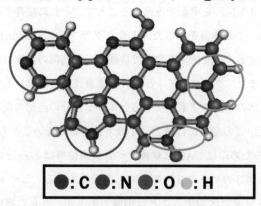

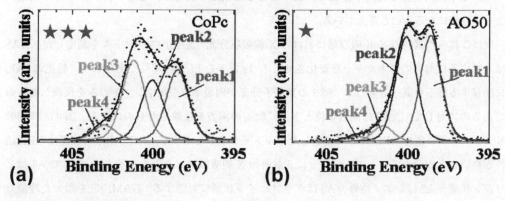

図3
N 1s HXPES spectra for CoPc-CAC with high ORR activity and AO50-CAC with low ORR activity.

キシデーション法で作製」した試料では，N 1s 光電子スペクトルのピーク形状に大きな差が見られた。そこで化学結合状態を4種類（低結合エネルギー側からピリジン型，ピロール型，グラファイト型，酸化物型）に識別してピーク分離を行った。その結果，触媒活性の高い「CoPc＋フェノール樹脂を900℃で炭素化」した試料ではピーク3（グラファイト型）が最も大きく，次

にORR触媒活性が高いN2試料でもピーク3が大きいこと，ほとんど活性を持たないAO型ではピーク3はほとんど存在しないことが分かった。一方，ピーク1のピリジン型が支配的に存在しているAO50試料では窒素は1.4at%存在しているにも関わらず活性が低いことからピリジン型窒素はORR活性に寄与していないことが分かった。窒素濃度がわずか0.5at%しかないCoPc試料が大きなORR活性を示す理由は，グラファイト置換窒素が有効に働いているためと考えられる。

この窒素がどのようにCACの中でORR活性向上に寄与しているかについて，池田らは分子動力学を用いた第一原理計算を行っている[5]。その結果，グラフェンのzigzagエッジ（金属的伝導性を示す）の凹部の炭素（3配位）を窒素で置換することで，それに結合する凸部の炭素2個に酸素分子が吸着し易くなる，ことが証明された。しかしグラフェンのarmchairエッジ（半導体的伝導性を示す）の凹部の炭素（3配位）を窒素で置換しても凸部の炭素には酸素分子吸着は起こらないことが分かった。また，グラファイト平面に窒素置換（3配位）しても酸素分子の吸着は起こらない。さらに，通常の方法で窒素置換するとエッジ部分の凸部の炭素が窒素置換されてピリジン型になり易いこと，この窒素には酸素分子吸着は起こらないことも明らかになった。つまり，ORR活性触媒となるためにはCACに置換すべき炭素位置はzigzagエッジの凹部しかなく，グラファイト型窒素（図3のピーク3）の中でも少数派である。このzigzagエッジ凹部の窒素と平面内窒素を光電子分光で区別することは困難であるが，さらに高い分解能の測定によって可能になるものと考えている。

次にこれらの試料のN-K吸収端におけるX線吸収分光（XAS）スペクトルを測定した。XASは入射する放射光のエネルギーを変化させてN $1s$ 電子をLUMO準位であるN π^* 軌道のDOSに励起する様子を調べるもので，図3の光電子分光が内殻準位の化学シフトのみを反映したものであるのに対して，XASは内殻準位とN π^* 軌道の両方を反映したものになる。図4(a)に回転リングディスク電極（RRDE）で測定したボルタモグラムを示すが，CoPc由来の触媒はORR活性が高いことが分かる。一方，図4(b)に5試料のX線吸収スペクトルを示す[6]。ここでA1はピリジン状態，A2はシアノ結合，A3はグラファイト状態に対応する。GAMESSを用いた理論計算（構造最適化，分子エネルギー）によってピリジン型とグラファイト型ではエネルギー差が2.5eVであることが求まっており，実験値とよく一致している。A3吸収ピークが大きなCoPc由来試料では活性が高く，また活性の低いAO50ではA1ピーク（ピリジン型）が大きいことが分かる。さらに触媒表面積当たりの電流で見ると中程度の活性を示しているN2試料ではA3ピークが高いがA1ピークも同時に高くなっているために，グラファイト型はORR活性として働くが，ピリジン型窒素はむしろORR活性を阻害している可能性が高い。

このように，X線吸収分光法は硬X線光電子分光と同様，CAC中微量窒素の化学構造を解明

第6章　カーボンアロイ触媒のキャラクタリゼーション

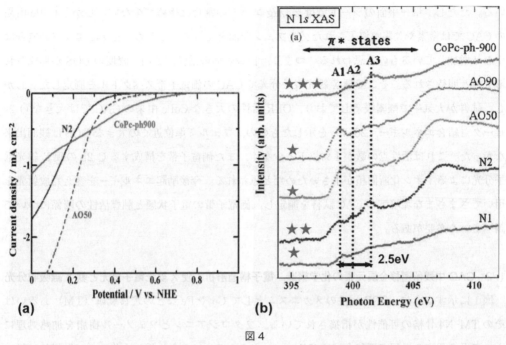

図4
Voltammogram of ORR on AO50, N2 and CoPc-CAC (a) and N 1s XAS spectra for various CACs.

してORR活性との相関を明らかにするのに有効な手法であることが分かった。そこで，このCAC中窒素を従来の白金触媒と比較して，以下に活性点の数量的考察を試みた。最も活性の高いCoPc由来CACでは窒素の量は0.5at%であった。図3から分かるようにピーク3は約4割存在しているので，0.2at%となり，zigzag位置の窒素に結合している炭素が2つあるので活性点は0.4at%となる。一方，今回電気特性を比較した白金触媒ではカーボンブラック中に約20wt%の白金（原子濃度に換算すると1.5at%）が存在している。平均粒径2nm程度の白金触媒では表面原子の割合は約半分であるから，活性点密度は0.75at%となる。さらに，白金粒子が担持カーボンに半分埋まっていると考えると露出表面を持つ白金原子数は約0.4at%となってほぼCACと同程度の活性点を持つことになる。

次にCACの価電子帯を光電子分光によって調べた。一般に触媒となる金属は局在化しやすいd電子を多く持っており，Pt, Pd, Rhなどはd^9, d^{10}, d^8構造である。特に白金はORR活性が高く，酸素吸着のしやすさはフェルミ準位近くのd電子を酸素分子に与えやすいためと考えられている。これに対してCACでは広がりやすいs軌道やp軌道の電子のみからなっているため，フェルミ準位近くに高いDOSを持つことはなく，触媒効果は少ないと考えられてきた。しかし，最近Yuら[7]はグラフェンシートのzigzagエッジの凹部の炭素を窒素で置換することでフェルミ準位近くにアップスピン電子とダウンスピン電子のDOSが存在するという計算結果を報告して

いる。ただし、単一平面のシートではzigzagエッジの割合は極めて少ない。しかしCoPc由来のCACでは窒素や欠陥が導入されたグラフェン曲面を持っているため、zigzagエッジの割合はかなり増加しているものと思われる。つまり、白金表面の活性点と同じ程度のDOSが形成されるものと期待される。そこで硬X線光電子分光でCACの価電子帯スペクトルを測定した。しかし、試料が大気中で酸素吸着しており、ORR活性の大きなCoPc由来のCACでは大きなO 2sピーク（結合エネルギー＝26eV）を示したものの、フェルミ準位近くの大きなDOSは観測出来なかった。これは活性点の数が1%以下と少なく、また価電子帯を構成するC 2pの硬X線光電子分光によるイオン化断面積が小さいためだと思われる。今後励起エネルギーを変えた放射光を用いてさまざまな環境下のCAC試料を測定し、価電子帯の電子状態と触媒活性の関係について調べていく必要がある。

1.2 CAC中残留遷移金属元素の化学構造、電子構造解析：硬X線光電子分光と軟X線吸収分光

図1に示すように、ORR活性のメカニズムとしてCoやFeなどの遷移金属（TM）あるいはそのTM-N4骨格の可能性が指摘されている。フタロシアニンとフェノール樹脂を加熱処理によって炭素化する過程で遷移金属はグラフェンからなるナノシェル構造を作るのに触媒的に働いているものと思われるが、遷移金属自体がORR活性にどのように関与しているかは不明である。そこで、放射光を用いて解析を試みた。

図3に示したCoPc由来のCACを硬X線光電子分光で調べたところ、前述のように窒素が0.5at%存在しているのに対して、Coは0.07at%残存していた。ナノシェルは直径が20～50nmで中心に金属クラスターを内包しているため、脱出深さが約10nmである硬X線光電子分光では微量しか検出されていない。そこでこの試料を塩酸で長時間洗浄することで遷移金属を除去してORR活性を調べた。RRDEを用いた測定によって2電子反応であるH_2O_2生成割合を決定したところ、特にFePc由来CACにおいてFeを除去することでH_2O_2生成割合が大幅に減少することを見出した。ただし、ORR開始電圧はほとんど変化していない。CoPc由来CACおよびFePc由来CACの酸洗浄前後のCo 2p、Fe 2p光電子スペクトルをそれぞれ図5(a)、(b)に示す。いずれの試料でも2+、3+状態のTMが酸洗浄できれいに除去されていることが分かる。しかし、金属状態のTMは半分程度残存しており、ナノシェル構造の中核に金属状態のクラスターとして残っているものと思われるが、窒素濃度に比べて1桁以上少ないためORR活性に対する寄与は無視出来る。Landoucerら[8]はCoが1.5wt%残存した試料が触媒活性を示すと報告しているが、今回測定したCACでは0.04at%しか存在していないので、支配的な活性点ではない可能性が高い。

次にCoPc由来試料、FePc由来試料に対して試料電流による軟X線吸収分光測定を行い、非

第6章 カーボンアロイ触媒のキャラクタリゼーション

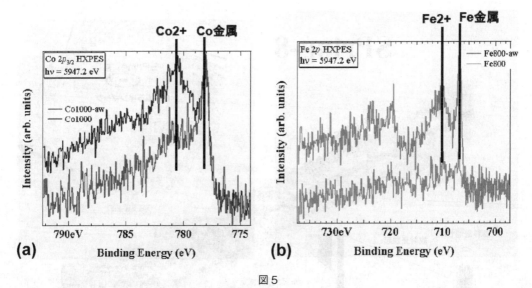

図5
Co 2p and Fe 2p HXPES spectra for CoPc-CAC (a) and FePc-CAC (b), respectively, with and without acid washing.

占有電子状態の酸洗い,熱処理温度依存性を調べた。CoPc由来試料の結果は硬X線光電子分光の結果とよく一致した。FePc由来試料の場合も硬X線光電子分光の結果と一致しており,金属成分,酸化物成分がほぼ均等に除去されることが示唆された。このFe金属が除去されやすいという性質が,Fe系で顕著な2電子還元反応の抑制効果を生んでいる可能性が考えられる[9]。現在,注目する元素の内殻で広域X線吸収端微細構造(EXAFS)の測定を行い,注目元素周りの配位数と結合距離,また価数に関する情報を得つつある。ここで得られた知見を電子状態計算にフィードバックし,実験結果を説明することによって,触媒反応機構のモデルを構築,提案する予定である。

1.3 *in situ* 燃料電池解析システム

真に反応活性な構造や電子状態を解明するには,①超高真空状態,②電解質浸漬状態,③燃料電池発電状態 (*in situ*),の3種類を区別して測定する必要があるが,放射光ビームラインは超高真空を維持する必要があるため,②,③の測定は難しい。この目的のためには photon-in/photon-out の測定法である軟X線発光分光が適している。

そこで,燃料電池構造の *in situ* 軟X線発光分光測定を行って燃料電池劣化の様子を時時刻刻調べるために,図6に示す超高輝度東大放射光アウトステーション@SPring-8に新しく超高分解能($E/\Delta E=10,000$)発光分光装置を開発し,*in situ* 燃料電池装置(図6)を構築した。その装置を用いて従来の分解能($E/\Delta E=1300$)では不可能であった各元素種の微細構造(例えばグ

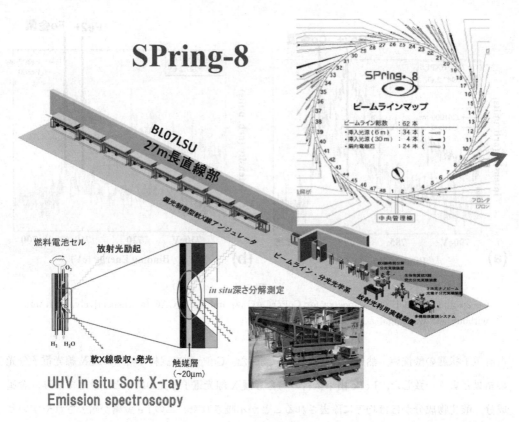

図6
Univ-of-Tokyo Synchrotron Radiation Outstation BL07LSU at SPring-8 and *in situ* fuel cell analysis system with XES.

ラファイト状態窒素のうち zigzag エッジ窒素と平面内の窒素）を識別し，価電子帯構造の情報から詳細な分子構造を決定する予定である．これにより，燃料電池動作下におけるカーボンアロイ触媒に含まれる各軽元素，残存金属等の電子状態を軟 X 線吸収分光，軟 X 線発光分光で *in situ* 観察し，真の ORR 活性メカニズムを解明していきたい．

文　　献

1) Ozaki, J.; Kimura, N.; Anahara, T.; Oya, A. *Carbon*, **45**, 1847 (2007)
2) Gong, K.; Du, F.; Xia, Z.; Durstock, M.; Dai, L. *Science*, **323**, 760 (2009)
3) D. A. Horner *et al., Chem. Phys. Lett.*, **450**, 71 (2007)

第6章 カーボンアロイ触媒のキャラクタリゼーション

4) H. Schulenburg *et al., J. Phys. Chem. B*, **107**, 9034 (2003)
5) Ikeda, T.; Boero, M.; Huang, S.; Terakura, K.; Oshima, M.; Ozaki, J. *J. Phys. Chem. C*, **112**, 14706 (2008)
6) Niwa, H.; Horiba, K.; Harada, Y.; Oshima, M.; Ikeda, T.; Terakura, K.; Ozaki, J.; Miyata, S. *J. Power Sources*, **187**, 93 (2009)
7) Yu, S. S.; Zheng, W. T.; Wen, Q. B.; Jiang, Q. *Carbon*, **46**, 537 (2008)
8) Ladouceur, M.; Lalande, G.; Guay, D.; Dodelet, J. P.; Dignard-Bailey, L.; Trudeau M. L.; Schulz, R. *J. Electrochem. Soc.*, **140**, 1974 (1993)
9) 斉藤信他, 2009年度電気化学会講演大会
10) Saito, M.; Koshigoe, Y.; Harada, Y.; Kobayashi, M.; Niwa, H.; Horiba, K.; Oshima, M.; Ozaki, J.; Terakura, K.; Ikeda, T.; Miyata, S.; Ueda, S.; Yamashita, Y.; Yoshikawa, H.; Kobayashi, K. 4th Int'l Conf. on Polymer Batteries and Fuel Cells, 2P-73, Yokohama (2009)

2 NMR および ESR

黒木重樹*

　核磁気共鳴（NMR）は原子核スピンの，電子スピン共鳴（ESR）は電子スピンの磁気共鳴現象を観測するもので，その原理は同じであるが，実際の測定法や得られる情報はかなり異なる。まず，この章では，両者に共通する磁気共鳴現象を概説した後，各々の方法を利用したカーボンアロイ触媒のキャラクタリゼーションについて記述する。両磁気共鳴法の詳細を知りたい人のために参考文献1, 2)と炭素材料に特化した文献3)を挙げておく。

2.1 磁気共鳴現象（NMR と ESR）

　磁場中での原子核スピンの磁気共鳴現象を，核磁気共鳴（NMR）という。一方，磁場中での電子スピンの磁気共鳴現象は電子スピン共鳴（ESR）と呼ばれる。NMR現象が観測されるためには，スピン量子数Iが0でないことが絶対必須条件であり，幸いにもほとんどの元素においてスピン量子数Iが0でない原子核が存在している。電子のスピン量子数は1/2なので当然磁気共鳴現象が観測される。

　静磁場中B_0にスピン量子数$I=1/2$のスピン（核および電子）を置くと，B_0との相互作用（ゼーマン相互作用）により，核スピンのエネルギー状態に2つに分裂する。このとき，2つの状態間のエネルギー差は$\Delta E = \hbar \gamma B_0$であるので，与えた静磁場の大きさ$B_0$に比例することがわかる。上下の2つのエネルギー状態に存在する核スピンの集合の分布の差はボルツマン分布に従うので，ΔEが大きくなればなるほど，つまり静磁場B_0が大きくなればなるほど大きくなる。γは磁気回転比であり，核種に依存する。例えば，^{1}Hでは$\gamma = 26,753$ rad·s^{-1}·G^{-1}，^{13}Cは$\gamma = 1,934$ rad·s^{-1}·G^{-1}，^{15}Nは$\gamma = 25,179$ rad·s^{-1}·G^{-1}，電子スピンeでは$\gamma = -18,360,000$ rad·s^{-1}·G^{-1}である。磁気回転比が大きく，天然存在比が多いほど磁気共鳴現象の観測が容易になる。共鳴する核および電子の周波数（ラーモア周波数）νは，$h\nu = \Delta E = \hbar \gamma B_0$によって決定される。この関係から静磁場$B_0 = 7.05$T（1T = 1000G）における共鳴周波数を求めると，^{1}Hでは300MHz，^{13}Cは75.5MHz，^{19}Fは282.3MHz，電子スピンeでは197GHzとなる。核スピンを観測対象とするNMRはラジオ波領域の周波数で振動する磁場を使って観測するのに対し，電子スピン観測対象とするESRはマイクロ波領域の周波数で振動する磁場を使って観測することになる。

＊　Shigeki Kuroki　東京工業大学　大学院理工学研究科　特任准教授

2.2 固体NMR法

カーボンアロイ触媒は炭素材料であるため,有機化合物のように,溶媒に溶解して溶液NMRスペクトルを観測することができないので,固体状態のままNMR測定を行うことになる。溶液状態では,核スピン間の双極子―双極子相互作用や化学シフト異方性など異方的(つまり方向性依存がある)相互作用が溶液中における分子の等方的運動により平均化され高分解能なスペクトルがえられる。一方,固体状態においては,これらの相互作用は異方的なまま存在し,その結果としてNMR信号の広幅化が生じる。しかし,これらの相互作用は高出力デカップリング法や試料高速マジック角回転(MAS)法で消去され,溶液の高分解能NMRスペクトルに匹敵する分解能がえられる。

通常用いられる固体NMRパルスシーケンスには①直接励起(DP)/MAS,②交差分極(CP)/MAS法がある(図1)。DP法は,観測核(例えば^{13}Cや^{15}N)自体を直接ラジオ波パルスで励起する方法であり,一方,CP法は系中に豊富に存在する^{1}H核を励起し,その磁化を観測核に移動することにより観測する。通常,有機分子は系中に^{1}Hが豊富に存在するので,CP法を用いる場合が感度の面で有利である。この2つの方法をカーボンアロイ触媒に適用する場合,カーボンアロイ触媒は高度に炭素化が進行した材料なので,有機分子に比較して系中に存在する^{1}Hは

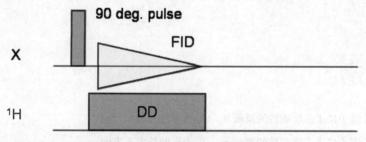

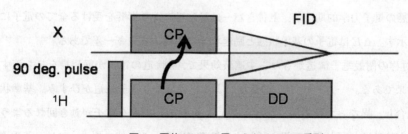

図1　固体NMRで用いられるパルス系列

かなり少く，^{1}H はグラフェンの端にのみ存在していると考えられる。したがって，CP法を用いれば，グラフェンの端に存在する置換基を選択的に観測できる。一方，DP法はバルク試料全体からの置換基の情報が得られることになる。

固体NMR法から得られるパラメータはNMR化学シフト，磁気緩和時間，核間距離などである。特に化学シフトは化学構造を決定する上で大きな情報源である。

2.3 NMR化学シフト

静磁場中で共鳴する核の周波数（ラーモア周波数）ν は，$h\nu = \Delta E = \hbar \gamma B_0$ によって決まる。しかし，実際の原子核は裸な状態でなく，まわりを電子に囲まれている。これらの電子は原子核の感じる磁場を変化させる。この効果を遮蔽と呼ぶ。この遮蔽効果の結果，NMR共鳴周波数は電子のない裸の状態の原子核のラーモア周波数 ν からずれることになる。しかし，実際電子のない裸の原子核のNMR共鳴周波数を測定することは不可能なので，実験的にはある基準物質の共鳴周波数からのシフト値を観測することになる。このシフト値を化学シフトと定義する。その大きさはラーモア周波数に対して ppm のオーダーであるため，化学シフトは一般に ppm 単位で表される。

化学シフトに影響を与える効果は，以下のようにまとめることができる。

$$\sigma_{local} = \sigma_d + \sigma_p + \Delta \sigma$$

$$\sigma_d \propto \overline{\left\langle \frac{1}{r} \right\rangle}$$

$$\sigma_p \propto \frac{1}{\Delta E} \overline{\left\langle \frac{1}{r^3} \right\rangle}$$

①核を取り巻く電子による反磁性的遮蔽 σ_d（磁場を打ち消す方向）
②核を取り巻く電子による常磁性的遮蔽 σ_p（磁場を助長する方向）
③その他の項 $\Delta \sigma$（原子間電流，不対電子などの効果）

ここで，電子雲の拡がりは，分子中に設定された点からの電子の距離 r により，表現され，$\langle \rangle$ はある電子状態の量子力学的期待値，上付きバーは静磁場により影響を受ける全ての電子についての平均値を示す。ΔE は電子の基準状態と励起状態の平均エネルギー差である。

σ_d は，球対称の閉殻電子構造がもたらす遮蔽効果で，s軌道の電子が静磁場を打ち消すように回転する効果である。一方，σ_p は，静磁場による摂動により電子軌道がひずみ，基準状態と励起状態が混合し，異なった軌道間（たとえば p_x と p_y 軌道）の間を電子が動き回れるようになり，この電流が静磁場と同方向の磁場を誘起する効果である。その他の項 $\Delta \sigma$ には，芳香環に励

第6章 カーボンアロイ触媒のキャラクタリゼーション

起される環電流効果や，鉄などの電子軌道に不対電子が存在するときに生じる常磁性シフトなどがある。

^{1}Hや^{7}Liなどの核はΔEが大きく，したがってσ_pが小さくなり，その結果，化学シフトはほとんどσ_dで支配され，その変化は小さい（～10ppm）。一方，^{13}C，^{15}Nなどの核はΔEが小さく，その結果，化学シフトはほとんどσ_pで支配され，その変化は大きい。化学構造や結晶構造の違いを反映し，核の周りの電子構造が変化するのに伴い，NMR化学シフトは変化する。現在，GaussianやGamessなどの*ab initio*量子化学計算パッケージを用いて，比較的容易に化学シフト理論計算が可能になっている。

2.4 ポリピロールを前駆体としたカーボンアロイ触媒の酸素還元特性

カーボンアロイ触媒はフェノール樹脂やフラン樹脂などの熱硬化性樹脂と金属錯体を混合し800～1000℃ほどに熱処理することにより得られる。本節においては導電性高分子としてよく知られるポリピロールを前駆体として調製したカーボンアロイ触媒について述べる。

ポリピロールは塩化第二鉄（$FeCl_3$）または過硫酸アンモニウム（APS）を酸化剤として用いて重合を行った。それらの試料を窒素気流中で所定温度で1時間熱処理することにより炭素化試料を得た。今後，塩化第二鉄（$FeCl_3$）をもちいた試料をPPYFeXXX，過硫酸アンモニウム（APS）をもちいた試料をPPYAXXX（XXXは処理温度）と呼ぶことにする。それぞれの試料の回転ディスク電極法を用いて得られた酸素還元ボルタモグラムを図2に示す。得られた酸素還元開始電位E_{onset}（電流が$-10\mu Acm^{-2}$流れたときのポテンシャルとここでは定義）及び0.5Vにおける電流密度を表1にまとめる。同じポリピロールを原料にしながら，異なる酸素還元活性の試料が得られたことがわかる。この結果から，E_{onset}においても0.5Vおける電流密度においてもPPYFeがPPYAよりも高い酸素還元活性を示すことがわかる。

2.5 カーボンアロイ触媒の^{1}HNMR

固体における^{1}HNMRスペクトルは通常，試料中に豊富に存在する^{1}H核間の双極子―双極子相互作用により大きく広幅化する。その大きさは数10kHzに及ぶ。そのような相互作用を消去し先鋭なシグナルを得るために通常は試料回転に同調させたマルチパルス法が用いられるが，その調整法はかなり複雑である。

さて，カーボンアロイ触媒はある程度炭素化が進行した物質なので，有機化合物と比較するとそこに含まれる^{1}H絶対量はかなり減少して，グラファイト構造の端にしか^{1}Hは存在しないはずである。このような場合は，マルチパルス法を用いずとも，ある程度の高速MAS（30kHz程度）法で，スペクトルの先鋭化が可能である。そこで，いくつかの温度で熱処理したPPYFe試

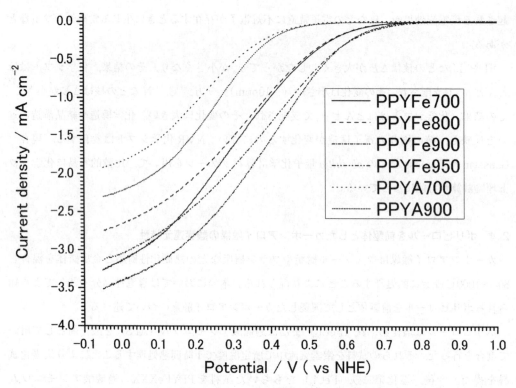

図2 ポリピロール熱処理試料の回転ディスク電極法で得られた酸素還元ボルタモグラム

表1 ポリピロールを原料として調製したカーボンアロイ触媒の酸素還元活性

	E_{onset} (V)	Current density at 0.5V (mA cm^{-2})
PPYFe700	0.75	−0.453
PPYFe800	0.74	−0.432
PPYFe900	0.76	−0.796
PPYFe950	0.79	−0.725
PPYA700	0.55	−0.036
PPYA900	0.58	−0.044

料の^{1}H-30kHzMASスペクトルを測定した（図3）。

この実験において，測定前に用いた試料の質量を秤量し，積算回数を統一した。熱処理前の試料中の炭素＋窒素と水素の存在比はポリピロールの化学構造から5：3であるので，そこから，熱処理前の試料に含まれる水素原子の質量およびモル数が算出できる。この値を基準にして，それぞれの熱処理温度での水素原子のモル数が^{1}H信号強度から算出できる。水素以外は炭素と仮定し（実際は窒素と酸素も存在している），全体の試料の質量から水素原子の質量を減算し炭素原子の質量を求めると，そこからそれぞれの熱処理温度での炭素原子のモル数も算出できる。こ

第6章　カーボンアロイ触媒のキャラクタリゼーション

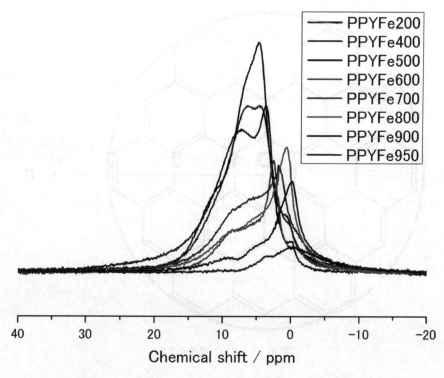

図3　様々な温度で熱処理されたポリピロール試料の固体 ^{1}HMASNMR スペクトル

の結果から，H/C のモル比を求めることできる。

さて，図4のような単純にグラフェンが同心円上に発達していくモデルを考えると，図4中の n 半径内のベンゼン環の数を n とすると，この n をもちいてそれぞれ C と H の数は $N(C)=6n^2$，$N(H)=6n$ と表せる。したがって，$N(H)/N(C)=n$ となり，H/C 比よりグラフェンの平均サイズ n が算出できることになる。

固体 ^{1}HMAS スペクトルの ^{1}H 信号強度からこの結果を用い，実際に熱処理温度によりグラフェンの平均サイズ n を算出した結果を図5に示す。熱処理温度が上がるにつれ600℃以上からグラフェンサイズの発達が見られることがわかる。この値をもとに，グラフェンシートの直径を算出すると，900℃において3.9nm，950℃において8.7nmとそれほど大きなグラフェンは存在していないことがわかる。この結果は透過電子顕微鏡像で観察されるグラフェンサイズとほぼ一致している。

2.6　カーボンアロイ触媒の ^{15}NNMR

一般に固体 NMR において，最も頻繁に用いられる核は ^{13}C だが，炭素化が進行したカーボンアロイ触媒を対象とする場合，ほとんどがアロマティック炭素であるため，120ppm 付近に構造

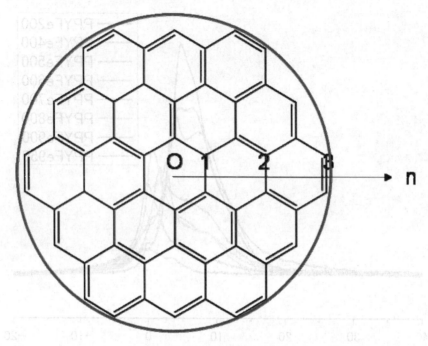

図4 グラフェン成長モデル

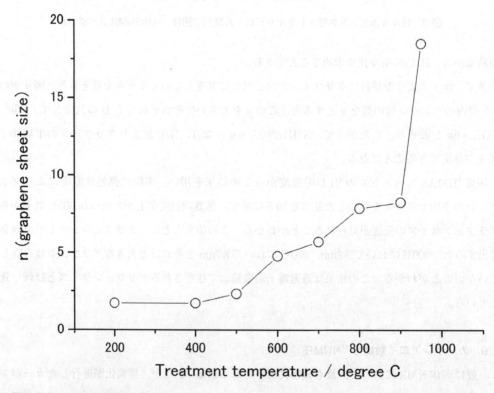

図5 PPYFe試料の固体 ^{1}HMAS スペクトルの ^{1}H 信号強度から得られたグラフェンサイズの変化

第6章　カーボンアロイ触媒のキャラクタリゼーション

の不均一化によって広幅化した信号が出るのみで，あまり有用な情報は得られない。C=O基などの置換基は異なる化学シフトを持つので表面や末端置換基の評価は可能である。

したがって，カーボンアロイ触媒のキャラクタリゼーションにおいて，固体NMR法が有用となるのは炭素以外のヘテロ元素，窒素やホウ素などからの化学構造情報である。

窒素核では，NMR観測可能な核として ^{14}N と ^{15}N がある。^{14}N は天然存在比が大きく，感度が高いと考えられるが，実際はスピン量子数 $I=1$ の四極子核であること，核磁気回転比が低いことなどから，観測が困難な核である。一方，^{15}N は天然存在比こそ小さいが，スピン量子数は ^1H と ^{13}C と同じ1/2の双極子核であり，核磁気回転比も ^{14}N ほどには低くないことから，通常は窒素のNMRにとっては ^{15}N が観測対象核となる。しかしながら，ある程度リーズナブルな時間内で測定をするためには ^{15}N ラベル試料を用いることが必要である。

筆者は前述のポリピロールを合成する際に，10％から25％の ^{15}N ラベルピロールモノマーを用いることにより，^{15}N ラベルポリピロール試料を調製し，それを熱処理することによりカーボンアロイ触媒を調製した。

図6に様々な温度で熱処理されたPPYFe試料の固体 ^{15}N CP/MASNMRスペクトルを示す。先に述べたよう，500℃以下の低温処理においては ^1H が系中に豊富に存在するが，600℃以上の高温処理においては高度に炭素化が進行し，^1H はグラフェンの端にしか存在しないので，CP法はグラフェンエッジ近傍に存在する窒素を選択に観測したスペクトルとなる。

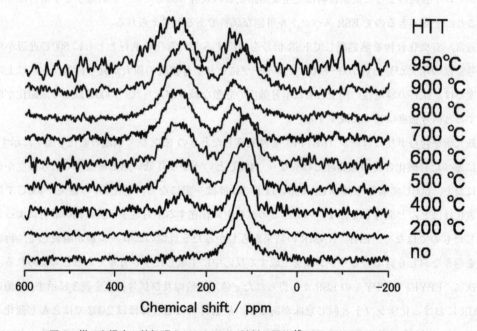

図6　様々な温度で熱処理されたPPYFe試料の固体 ^{15}N CP/MASNMRスペクトル

117

もとのピロール窒素に帰属される信号は120ppmにあらわれる。熱処理温度が400℃になると，250ppm付近に新たな信号が出現している。この信号は，文献値からピリジン窒素に帰属される。先に述べた^{1}HNMRの結果から，この温度では炭素化は進行していないので，400℃において5員環のピロール環が開裂して，再び環を巻きなおし6員環のピリジン環ができていることがわかる。さらに高い熱処理温度では，250ppm付近のピリジン窒素の信号とともに，140ppmに新たな信号があらわれている。これは直接励起（DP）法で，試料全体のバルク情報を得たスペクトルとの比較から，これはグラフェンエッジ近傍に存在する3配位のグラファイト窒素に帰属できる。900℃以上の熱処理では，CP時間を変化させて測定した固体NMRの結果およびXPSスペクトルからピロール窒素は完全に消滅していることがわかる。つまり，酸素還元活性の高いPPYFe試料において，ピロール窒素はもはや存在せず，ピリジン窒素と3配位のグラファイト窒素のみが存在していることがわかり，これらのうちいずれかが酸素還元活性とかかわりを持っていることが示唆される。

2.7 カーボンアロイ触媒のESR

電子スピン共鳴（ESR：electron spin resonance）は，試料を数千ガウスの磁場中において，物質中にある不対電子のスピンの遷移に伴うマイクロ波の吸収による共鳴現象を観測するものである。すなわち，ESRの観測対象はペアを組んでいない不対電子をもつ常磁性物質である。カーボンアロイ触媒のような炭素材料は完全な黒鉛化前の試料であるため，不対電子を多量含んでいることが予測できるのでESRスペクトル可能な試料であると考えられる。

通常，有機化合物を熱処理してESR信号を観測すると炭素化の進行とともに500℃近辺から信号強度の増大が見られ700～800℃でシャープになり信号強度の極大が見られる。その以上の温度では，試料の導電性の向上ともに信号強度の急激な減少がみられ，1500℃以上で黒鉛化が開始すると信号強度は徐々に減少する[2,3]。

鉄元素を含むポリピロール（PPYFe）を熱処理したときのESR信号強度の変化を図7に示す。先に述べた有機化合物の熱処理とは異なり，400℃というかなり低い熱処理温度で信号強度が最大になり，500℃で著しく減少し，600℃以上ではほぼ一定になる。^{1}HNMRの結果，400℃では炭素化はほとんど進行していないので，この試料中に存在する不対電子は炭素化の進行によって生じたものではなく，固体^{15}NNMRの結果からわかった5員環のピロール環が開裂して，再び環を巻きなおし6員環のピリジン環を生成する反応中に生成したラジカルであると考えられる。

次に，PPYFeとPPYAのESRから得られたg値，半値幅及び信号強度を表2に示す。g値はNMRにおける化学シフトと同じ意味があるが，炭素材料の場合はほぼ2.002でほとんど変化しない。ORR活性の高いPPYFe試料はESR信号強度が低いのに対し，ORR活性の低いPPYA

第 6 章 カーボンアロイ触媒のキャラクタリゼーション

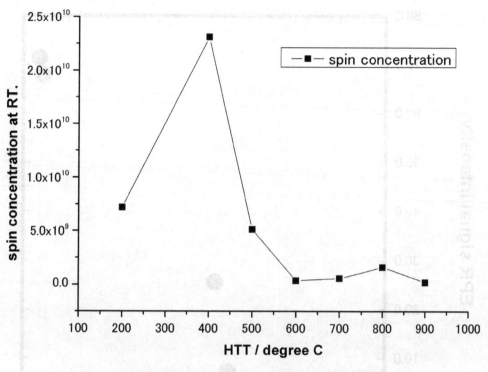

図 7 様々な温度で熱処理された PPYFe 試料の ESR 信号強度の変化

表 2 様々な PPY 試料の ESR パラメータ

	g	ΔH (G)	Intensity (au)
PPYFe700	2.0023	9.5/89.1	7.34×10^9
PPYFe800	2.0019	15.9	2.56×10^{10}
PPYFe900	2.0019	31.6	3.36×10^9
PPYA700	2.0023	6.1	7.14×10^{10}
PPYA900	2.0017	16.9	6.78×10^{10}

試料は ESR 信号強度が高い。0.5V における電流値と ESR 信号強度の関係を図 8 にプロットすると，ESR 信号強度が低いほど電流値が大きくなるという傾向が得られる。ESR 信号は局在化した不対電子由来と考えると，ESR 信号の減少は局在化不対電子の減少と伝導電子の増大を意味している。伝導電子の増大とともに電流値が増加したと考えられる。このように，ESR 信号強度よりカーボンアロイ触媒の ORR 活性を評価できることがわかる。

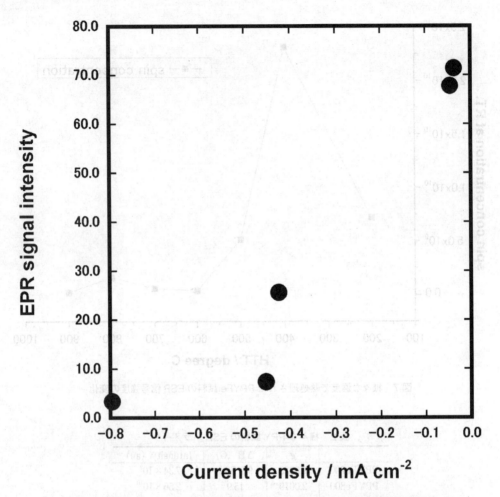

図8　PPY試料のRRDE実験での0.5Vにおける電流値とESR信号強度の関係

文　献

1) 日本化学会編, 第5版, 実験化学講座8, NMR・ESR, 2003年, 丸善
2) 大矢博昭, 山内淳 著, 電子スピン共鳴 素材のミクロキャラクタリゼーション, 1989年, 講談社サイエンティフィク
3) 炭素材料学会編, 最新の炭素材料実験技術（分析・解析編）, 2001年, サイペック

第7章　カーボンアロイ触媒の原理

1　カーボンアロイ触媒の発現原理

池田隆司[*1]，S. F. Huang[*2]，M. Boero[*3]，寺倉清之[*4]

1.1　はじめに

近年，炭素物質に窒素をドープしたカーボンアロイ触媒（CAC）の，燃料電池におけるカソード触媒としての可能性が精力的に探索されている。驚くべきことに，CAC は近い将来には Pt 触媒に代替することが期待されるような状況になりつつある[1~7]。本書では，関連の研究の現状と今後の課題が，①より高い触媒活性を持つ材料の開発，②触媒活性の起源の探求，の2面から紹介されている。本稿では，後者に関して，第一原理電子状態計算と第一原理分子動力学法に基づく理論解析について解説する。

理論解析のためには，現実の本質を掴んだモデルの設定が必要である。しかし，CAC として用いられている現実の物質は非常に複雑な形状をしており，原子レベルでの構造については今のところそれほど詳細な情報が得られている訳ではない。実際の CAC がどのようなものであるか，モデルの設定の参考になりそうな実験的情報を簡単に紹介しておこう。例えば，尾崎純一氏らによる関連研究の初期の仕事[8]では，原材料として，フルフリルアルコールにフェロセンを混ぜたものを使い，いくつかの前処理の後に高温（700℃）で焼くと炭素化した試料ができる。フェロセンを混ぜておくと，試料は基本的にはグラファイト的な構造をもち X 線回折で（002）反射がかなり鋭くなる。フェロセンを混ぜないと，試料はアモルファスのままである。Fe がグラファイト化を促進していると想像できる。酸素還元能力は，グラファイト化がある程度進んだ試料では，フェロセンを加えないものに比べて増強されるが，グラファイト化が進みすぎるとまた触媒活性が低下する。X 線回折の解析から，グラファイト化の初期の段階ではグラフェンの積層が秩

[*1]　Takashi Ikeda　㈱日本原子力研究開発機構　量子ビーム応用研究部門放射光科学研究ユニット　研究副主幹

[*2]　Shen Feng Huang　北陸先端科学技術大学院大学　先端融合領域研究院　研究員

[*3]　Mauro Boero　Institut de Physique et Chimie des Matériaux de Strasbourg（IPCMS）Director

[*4]　Kiyoyuki Terakura　北陸先端科学技術大学院大学　先端融合領域研究院　特別招聘教授

序正しくなるが，積層の秩序化は熱処理によってもある程度のところで飽和してしまい，後はグラフェンの2次元的な成長がみられる。（なお，この実験では窒素の導入はなされておらず，グラファイトそのものがある程度の酸素還元反応に対する触媒活性を持っていることを示唆する。）グラファイト化の程度と触媒活性についての上記の事実は，ある程度のグラフェンの成長によるエッジの存在の重要性を示唆しているように思われる。即ち，グラファイト化が進まないと，グラファイト特有のエッジが存在しないし，もっとグラファイト化が進むとエッジが少なくなる，ということである。なお，その後のいくつかの研究により，試料にFeが存在するが，試料を酸で洗って表面領域のFeを除去しても触媒活性には影響がないことが分かっている。尾崎氏らは，炭素材にドープした窒素の効果，さらには窒素とホウ素を同時にドープした効果を調べた[2,3]。その結果，窒素だけの場合，あるいは窒素とホウ素の共存した場合に，CACの触媒活性が増強することを報告している。窒素の導入のために，例えばフェロセンに代わって，金属フタロシアニンを原材料に用いている。

　上に紹介した実験結果から，我々はグラフェンのエッジと窒素置換という2つのキーワードに重点を置いたモデルの設定を行い，酸素分子還元の触媒活性点の探索と反応過程の解明を行ってきた。ところで，最近の東工大での実験によると，最適な試料調整条件のもとで作成された試料では，まだグラファイト構造があまり成長していないのではないかと思われる結果が得られている。このことと，我々のモデルとの関係についての詳しい解析はなされていない。しかしながら，我々が問題にするグラフェンのジグザグエッジ状態は，エッジの長さが数原子あればよいので，新しい実験データは必ずしも我々のモデルと矛盾しないのではないかと思われる。

　もちろん，現実の試料は複雑な構造をしており，グラフェン内部における種々の欠陥が反応活性点になっている可能性もある。本稿では，主としてグラフェンエッジに関する我々の研究を紹介するが，内部の欠陥についても少し触れることにする。

1.2　グラフェンの電子状態
1.2.1　ジグザグエッジ状態

　無限に広がったグラフェンシートは，ゼロギャップ半導体として知られている。フェルミ準位近傍でのバンドの分散が線形であることから，グラフェンの物性の特異さが強い興味を引いている[9]。一方，グラフェンに端がある場合，特にジグザグエッジと呼ばれる端では，端にある原子に局在したエッジ状態がちょうどフェルミ準位のところにあることもグラフェンの特異さの一つである。このエッジ状態はスピン分極を起こし，それぞれのジグザグエッジにある炭素原子ではスピン分極が強磁性的に揃う。グラフェンエッジでのスピン密度分布について，有限の大きさのグラフェンクラスターを用いた計算結果を図1に示す。右側と左側では，ジグザグエッジのスピ

第7章　カーボンアロイ触媒の原理

ン分極が反平行になっている。ちなみに，図1での上下にあるエッジはアームチェアエッジであり，ここにはエッジに局在するような状態は存在しない。

　次項で示すように，我々のこれまでの理論解析から，グラファイトに窒素をドープしたCACが触媒活性の増強を示すのは，このジグザグエッジが関与している可能性が高い[10,11]。そこで，ジグザグエッジにある炭素の電子状態が，未ドープの場合から窒素をドープした場合にどのように変化するかを議論する。図2(a)は未ドープの場合に，図1の左側のエッジにある炭素の局所状態密度を示す。C1とC3はエッジ炭素であり，フェルミ準位（エネルギーの原点）から0.4eVほど深いところにある上向きスピンの状態が占有されており，それに対応する下向きスピン状態は非占有になっている。これらの状態がエッジ状態である。C3'は，右側のジグザグエッジに沿ってのC3に対応する原子であり，図1のスピン密度分布から分かるように，下向きスピン状態が占有されている。先に述べたように，グラファイトそのものが酸素還元反応に対する触媒活性を持っているのは，このジグザグエッジ状態によると考えられる。一方，ジグザグエッジから1列だけ内部に入ったところにあるC2では，エッジ状態の重みが非常に小さい。このことは，この位置の炭素を窒素やホウ素に置き換えた際に，その隣にあるエッジ炭素であるC1とC3の電子

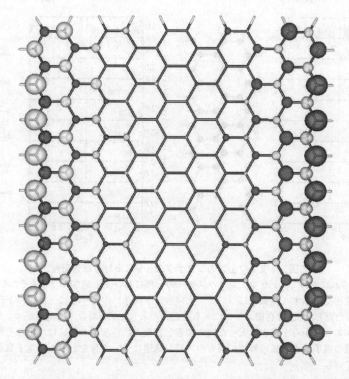

図1　グラフェンのジグザグエッジに局在するスピン密度分布を示す等値面
　　　薄い方は上向きスピン，濃い方は下向きスピンを表す。

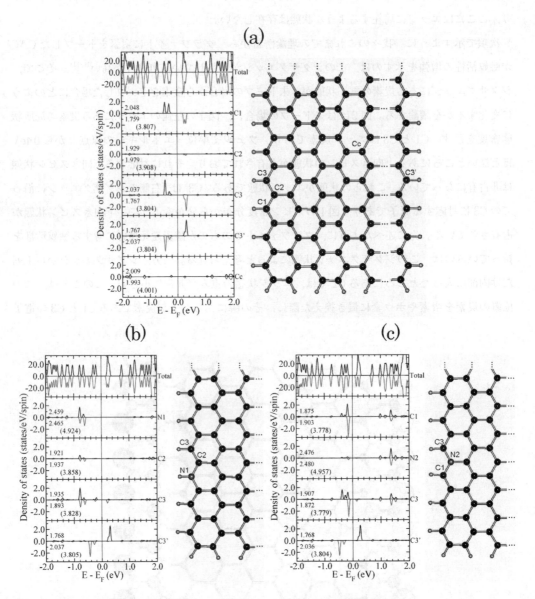

図2 グラフェンのジグザグエッジにおける状態密度

(a)-(c)のそれぞれにおいて,グラフェンクラスターの一部において指定された原子それぞれに対して,その局所状態密度を示す。各原子について,上向き(下向き)のピークは上向き(下向き)スピンに対応する。ただし,C3'は右側エッジにある炭素。(a)未ドープの場合,(b)窒素がエッジの炭素と置換,(c)窒素がエッジから1列中に入った列の炭素と置換。状態密度の図には,それぞれの原子での各スピン状態の電子数が括弧の外に,両方のスピン状態について和をとった全電子数が括弧に括られて示されている。

第7章 カーボンアロイ触媒の原理

状態を考える上での重要なポイントになっている。

1.2.2 窒素置換の効果

図2(c)は，C2の炭素を窒素に置換した場合のその隣にあるC1とC3での局所状態密度を示す。特に重要なことは，図2(a)では下向きスピンのエッジ状態がフェルミ準位より上にあって非占有であったのに対して，N2によってそれがフェルミ準位の下に引き込まれて占有されていることである[12]。その結果，フェルミ準位直下のエネルギーを持つ電子の数が更に増加した。このことは，酸素分子を還元するのに，炭素から酸素に電子移動が起こることを考えると好都合である。実際，後の節で示すシミュレーションは，この窒素によってC1，C3での酸素分子吸着が容易になり，そのあとの酸素分子の還元がそれほどの活性化エネルギーを必要としないで進行することを示す。

一方，エッジの炭素C1を窒素に置き換えた場合が図2(b)に示されている。この場合は，窒素の近傍にあるエッジ炭素（例えばC3）でのエッジ状態の重みが小さくなってしまうので，N1のような窒素は，もともとのグラフェンエッジの持つ還元反応の触媒機能を殺す方向に作用することを示唆している。このことも，後述の我々の反応シミュレーションの結果に符合する。

このように，グラフェンのジグザグエッジ近傍に窒素をドープしたとしても，その位置によって窒素が及ぼす効果は大きく異なることが分かる。ここで，N1とN2の役割の大きい相違を生み出す機構を簡単に説明しておく。図2(a)について述べたように，ジグザグエッジ状態はジグザグエッジにある炭素に大きい振幅があるが，その隣の列の炭素のところでは殆ど振幅がない。そのため，ジグザグエッジにある炭素を窒素（N1）で置換すると，炭素より深い窒素のポテンシャルがジグザグエッジ状態に直接作用し，N1の局所状態密度では，もともとの炭素C1が持っていたフェルミ準位のすぐ下にあった上向きスピン状態のピークが，深い位置に引き込まれていることが分かる。それに伴い，N1の近傍のエッジ炭素のところの状態も大きく乱される。また，下向きスピン状態については，フェルミ準位から0.6eV下がったところにあるピークは，もともとは非占有状態であったものがN1の深いポテンシャルによって引き込まれたものである。窒素の価電子が炭素より一つ多いので，フェルミ準位の下に一つ状態を増やすことによってそこに増えた分の価電子を収容することになる。

一方，N2による電子状態の変化は図3のような機構によって説明できる。C2では，そもそもその位置にジグザグエッジ状態の振幅が殆どないために，それを窒素N2に置き換えて深いポテンシャルが導入されても，ジグザグエッジ状態に直接作用することができない。また，C2に大きい振幅をもつ状態はフェルミ準位近傍には存在しないため，N2の深いポテンシャルによっても，非占有状態を引きこむことはできないので，N2によって持ち込まれた余分の価電子1個を収容することができない。何が起こるかと言えば，純粋グラフェンにおいて既に占有されている

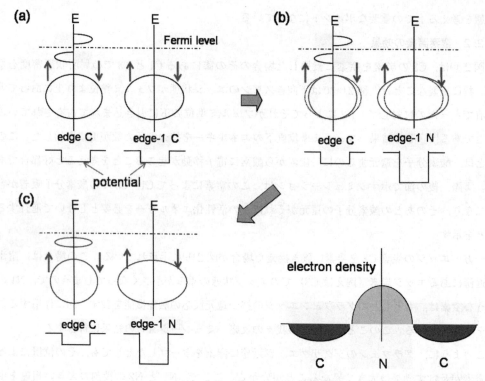

図3 図2(c)でのN2に対する遮蔽機構
(a)純粋グラフェンでのエッジの炭素（edge C：図2(a)でのC1とC3に対応）とエッジから1列中に入った位置の炭素（edge-1 C：図2(a)でのC2に対応）での状態密度と炭素のポテンシャルの模式図。(b)"edge-1 N"はN2に対応する。窒素による深いポテンシャルが持ち込まれても，非占有状態を引きこんで占有状態にすることはできない。その代わりに，占有状態の波動関数の窒素の位置での振幅を大きくし，窒素が持ち込む余分の価電子1つを収容する。しかし，占有状態の数が増えたわけではないので，窒素の周辺の炭素のところで電子数が減る。(c)その結果，それらの炭素で引力ポテンシャルが働くことになり，C1，C3で非占有状態がフェルミ準位の下に引き込まれる。

状態の波動関数の重みが変化して，窒素のところの重みを大きくし，局所的には窒素の価電子の数を5に調整する。このことが図3(b)に模式的に示されている。しかし，系全体では占有状態の数は増えていないから，窒素のところで局所的に電子数を増やすと，その周辺の炭素のところでは電子数が減る（図3の右下の模式図参照）。そうすると，その炭素のところではイオンのクーロン引力が十分に遮蔽されなくなり引力が生じることになる。従って，エッジにある炭素（C1，C3）のところでは，非占有状態であった下向きスピン状態がフェルミ準位の下に引き込まれて占有状態になり，それら炭素のところでも局所的な電気的中性の条件が満たされることになる。N2の存在により，その周辺の炭素で非占有状態が占有されるようになるのは，N2の価電子を炭素に与えたというような簡単な描像は全く誤りである。系全体としては当然電気的に中性であるし，それぞれの炭素およびドープされた窒素のところでも，局所的に電気的中性になっていると

第7章　カーボンアロイ触媒の原理

考えるのが正しい描像である。

1.3　カーボンアロイの触媒活性

　前項ではグラフェンに窒素をドープすると，その窒素の位置に依存して局所電子状態を多様に変化させることが可能であることを示した。特に，ジグザグエッジが存在する場合，未ドープでもエッジ状態と呼ばれるジグザグエッジによく局在した状態がフェルミ準位近傍に存在し，それ自身でもある程度の反応活性があることを示唆する。さらに，窒素などをドープすることにより，そのフェルミ準位近傍の局所状態密度を増大させることができ，グラフェンの反応性を増強できる可能性があることを示している。一方，グラフェンに5員環等の欠陥を導入すると有限の曲率を示すようになるが，5員環の炭素を窒素に置換すると欠陥が安定化されるとともに窒素周囲の炭素の反応性が増大することが示唆されている[13,14]。以下では，酸素還元反応における窒素をドープしたカーボンアロイの触媒作用を第一原理分子動力学法に基づいたシミュレーションにより検討した結果を紹介する[10]。

1.3.1　第一原理分子動力学に基づいた化学反応のシミュレーション法

　化学反応のシミュレーション法としてこれまでに数多くの方法が提案されているが，大別すると，①反応物と既知の生成物をつなぐ反応経路を求めるものと②反応物から出発して可能な生成物を求めるものに分類される。本節では，後者の手法であるブルームーンアンサンブル[15,16]についてその概要を記す。

　一般に化学反応は，反応物と生成物を結ぶ反応座標上での分子の結合解離・生成の現象として捉えることができる。反応物と生成物は反応座標上での自由エネルギー曲面の極小点に対応し，多くの場合，これらの極小点は熱エネルギー以上の活性化障壁によって隔てられている。反応座標としては原子間距離や結合角などが考えられるが，1変数だけからなるとは限らず，複雑な反応では複数の変数からなることもある。反応座標が1変数の場合，ブルームーンアンサンブル法により自由エネルギー曲線を求めることができる。ブルームーンアンサンブルでは，次式のように反応座標に対して束縛条件を課して分子動力学を行う。

$$L' = L + \lambda_k [s(\mathrm{R}) - s_k]$$

ここに，L は通常の第一原理分子動力学のラグランジアン，$s(\mathrm{R})$ は系の原子座標の関数として表した反応座標でラグランジュの未定定数 λ_k により一定値 s_k に固定されている。反応座標を一定値 s_k にしたときの反応座標にかかる平均の力 f_s は束縛条件付きの分子動力学で生成したアンサンブル（これをブルームーンアンサンブルと呼ぶ）における平均（$<\cdots>_s$ で表す）として求めることができる。

$$f_s = \frac{<Z^{-1/2}[\lambda_k - k_B TG]>_s}{<Z^{-1/2}>_s} = -\frac{dF}{ds}$$

ここに，Tは温度，ZとGは反応座標に依存する因子で

$$Z = \sum_I \frac{1}{M_I}\left(\frac{\partial s}{\partial R_I}\right)^2, \quad G = \frac{1}{Z^2}\sum_{I,J}\frac{1}{M_I M_J}\frac{\partial s}{\partial R_I}\frac{\partial^2 s}{\partial R_I \partial R_J}\frac{\partial s}{\partial R_J}$$

と書ける．R_IとM_IはそれぞれI番目の原子の座標と質量である．反応座標の値を徐々に変えて平均力f_sを求めていくと，始状態s_iと終状態s_fの自由エネルギー差ΔFは

$$\Delta F = -\int_{s_i}^{s_f} f_s ds$$

のように反応経路に沿った平均力の積分f_sとして求められる．このように，ブルームーンアンサンブルを用いた自由エネルギー計算は，反応座標を原子座標の関数として適切に表せば，確実に実行することができる．

1.3.2 酸素分子吸着過程

固体高分子形燃料電池のカソードでは，空気中から供給された酸素分子とアノードから電解質を通って供給されるプロトンが$O_2 + 4H^+ + 4e^- \rightarrow 2H_2O$に従って反応し，水分子が生成する．効率的にこの反応を加速するには，まず酸素分子が触媒の活性点に容易に吸着される必要がある．ここでは，3.1項で説明したブルームーンアンサンブル法を代表的な位置に窒素をドープしたカーボンアロイのモデルに適用して得られた酸素分子の吸着過程および吸着構造について詳述する．

(1) ベーサル面の場合

はじめにエッジのない無限に広がったグラファイトのベーサル面に窒素をドープした場合を考えよう．図4(a)にブルームーンアンサンブルシミュレーションに用いた窒素をドープしたグラファイトシートのモデルを示す．シミュレーションには周期境界条件が用いられており，スーパーセルが直方体で表されている．セルには2枚のグラファイトシートとカソードの環境を模擬するために低密度の水および酸素分子が一つ含まれている．酸素分子を窒素の隣の炭素（図4(a)のC*）に近づけていったときの自由エネルギーの変化を図4(b)に示す．炭素に酸素を近づけていくと単調に自由エネルギーが増大し，極小点が存在しないことが分かる．同様に，酸素分子を窒素に近づけた場合も吸着状態は安定化されない．よって，単にグラファイトシートの炭素を窒素に置換しただけでは酸素分子はどの原子上でも安定な吸着状態をとらないことが分かる．

第7章 カーボンアロイ触媒の原理

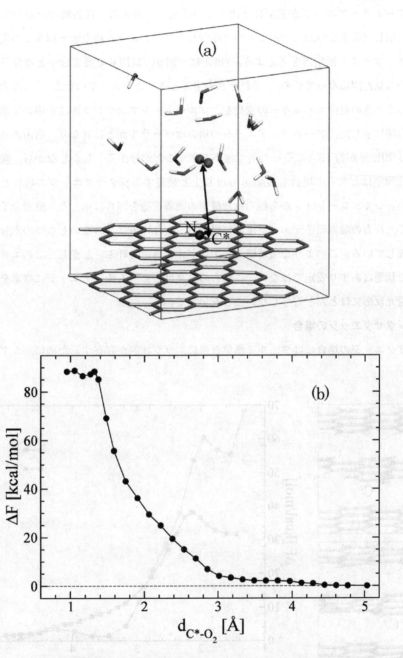

図4 (a)ベーサル面に窒素をドープしたグラファイトシートのモデルと(b)ブルームーンアンサンブル法により得られた窒素の隣の炭素 C^* に酸素分子を近づけた場合の自由エネルギーの変化

(2) アームチェアエッジの場合

次にアームチェアエッジが表面に露出している場合を考える。代表的な窒素の位置として，図5(a)に示した炭素2つおよび水素1つと結合したピリジニウム様窒素と図5(b)の炭素3つと結合したグラファイト様窒素を考えよう。（例えば，図5(b)は図6で酸素分子と水分子を除いたものを上から見た図になっている。）それぞれの窒素と隣り合うエッジの炭素C^*に酸素分子を近づけていったときの自由エネルギーの変化を，ブルームーンアンサンブル法を用いて求めた結果を図5の右図に示した。アームチェアエッジの場合はベーサル面とは異なり，自由エネルギー曲線はC^*-O_2間距離が約1.5Åになった所で極小を示すことが分かる。しかしながら，酸素分子吸着の活性化障壁はどちらの場合も30kcal/mol以上と後述するジグザグエッジの場合と比較してかなり高い。シミュレーションから得られた酸素の吸着構造を図6に示した。酸素分子は解離することなく，片方の酸素原子がエッジ炭素に吸着し，もう片方は2つないし3つの水分子と水素結合を形成している。このような吸着構造をエンドオン構造と呼ぶ。しかし，このエッジ炭素に吸着された状態はあまり安定ではない。これらの結果は，アームチェアエッジに窒素をドープしても酸素還元反応にほとんど寄与しないことを示している。

(3) ジグザグエッジの場合

ジグザグエッジの場合にはフェルミ準位近傍にエッジ状態が存在するために，ジグザグエッジ

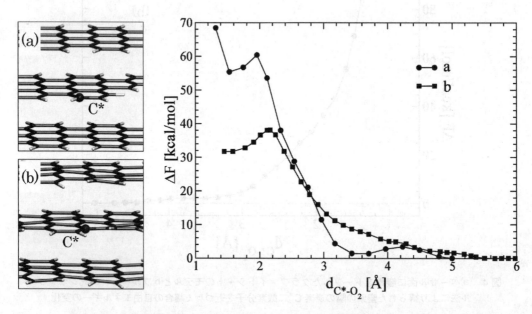

図5　窒素をドープしたアームチェアエッジのモデル（左）と窒素の隣の炭素C^*に酸素分子を近づけたときの自由エネルギーの変化（右）
ドープした窒素は球で表されている。

第7章　カーボンアロイ触媒の原理

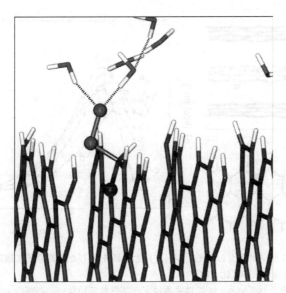

図6　アームチェアエッジでの酸素の吸着構造
水素結合を点線で示した。

の炭素は潜在的に反応性を持っていることが期待される。実際，何もドープしていなくても酸素分子がジグザグエッジに吸着されることがシミュレーションによって確認された。アームチェアエッジの場合と同様に，図7の左に示した代表的な位置に窒素をドープしたカーボンアロイのモデルに対して，矢印を付した炭素原子に酸素を近づけていったときの自由エネルギーの変化を図7の右に示す。図7(a)のモデルには窒素は未ドープであるが，酸素吸着の自由エネルギー曲線はC^*-O_2間距離が1.8Åあたりで極小を示している。活性化障壁は約20kcal/molと見積もられ，窒素をドープしたアームチェアエッジでのそれ（図5(b)）と比較すると10kcal/mol以上も低くなっている。一方，吸着状態の安定化は窒素をドープしたアームチェアエッジと同程度でありまだ不十分である。

　様々な位置の炭素を窒素に置換して検討した結果，ドープした窒素の位置に依存して酸素分子がエッジに吸着される過程が定性的にも変化することが明らかになった。まず図7(b)のように，窒素をエッジから離れたグラフェンの内部にドープした場合には，酸素吸着の活性化障壁，吸着の安定化のどちらも未ドープの場合（図7(a)）からわずかしか変化しない。一方，図7(c)のジグザグエッジの谷の位置に窒素（図2(c)のN2に対応）が存在すると，活性化障壁はそれほど変化しないが，吸着状態が未ドープの場合よりも安定化される傾向を示す。特に，ドープした窒素の隣のエッジ炭素に酸素が吸着すると大きく安定化され，酸素が吸着した状態の自由エネルギーが，酸素分子がグラフェンから十分離れた位置にある場合のそれとほぼ等しくなる。これは，図7(c)の位置に窒素をドープすると窒素の隣の2つのエッジ炭素上のフェルミ準位直下の局所状

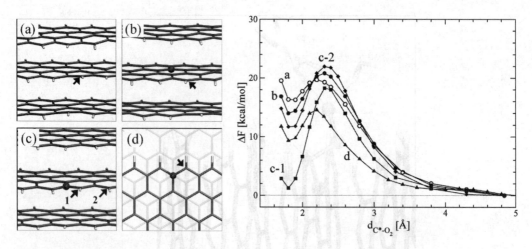

図7 種々のジグザグエッジが露出したモデル（左）と矢印を付した炭素原子に酸素分子を近づけた場合の自由エネルギーの変化（右）
ドープした窒素は球で表されている。(a)には窒素はドープされていない。右図のa, b, …, dは左図に対応する。

態密度が特に大きく増大することによっており，酸素分子吸着に対して窒素をドープすることが確かに有効であることを示している。

一方，図5(a)に示したピリジニウム様窒素あるいは炭素2つとのみ結合したピリジン様窒素がジグザグエッジにある場合（図2(b)のN1に対応）には，ベーサル面に窒素をドープした場合と同様に，ドープされた窒素あるいは周囲の炭素原子に酸素分子を近づけていくと自由エネルギーが単調に増加し極小を示さなくなる。これはピリジン（あるいはピリジニウム）様窒素のドープによりフェルミ準位近傍にあったエッジ状態のエネルギーが低下し，フェルミ準位近傍の局所状態密度がほとんどなくなるためである。よって，ピリジン（あるいはピリジニウム）様窒素はジグザグエッジが潜在的にもっている酸素吸着能を消失させる方向に働く。

これまでジグザグエッジ面が露出している場合を見てきたが，図7(b)および(c)のようなグラファイト様窒素をドープしても酸素吸着の活性化障壁はごくわずかしか変化しない。そこで，図7(d)のようにジグザグエッジ状のステップが水と接している場合を考えよう。この場合には酸素分子がグラフェンの面に対して垂直方向からエッジ炭素に近づくことになり，エッジ状態を形成する炭素のπ軌道と酸素の分子軌道がジグザグエッジ面が露出している場合よりも相互作用しやすいと予想される。実際，このような配置にすると活性化障壁が約14kcal/molに低下するため，酸素吸着の反応速度の向上が期待できる。さらに興味深いことに，ジグザグエッジ面とジグザグエッジ状ステップでは酸素の吸着構造が変わることがシミュレーションによって観測された。図8にそれぞれの場合の吸着構造を示す。ジグザグエッジ面のエッジ炭素に吸着した場合は，

第7章 カーボンアロイ触媒の原理

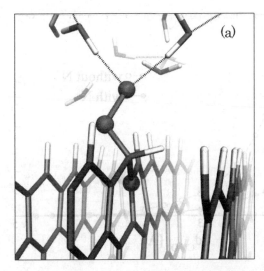 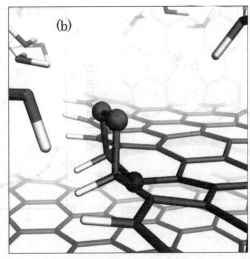

図8 窒素をドープした(a)ジグザグエッジ面と(b)ジグザグエッジ状ステップに吸着した酸素の吸着構造
どちらの場合も分子状で吸着している。水素結合を点線で示した。

図6に示したアームチェアエッジの場合と同様にエンドオン構造となっているのに対して，ジグザグエッジ状ステップでは，酸素分子は解離せず2つの酸素原子がそれぞれ炭素原子に吸着する構造となっている。このような吸着構造をサイドオン構造と呼ぶ。このようにジグザグエッジ面とステップで異なる吸着構造をとる理由としては，①酸素分子がグラフェンの層間に入り込むのが困難であること，②水分子が存在すると酸素分子との間に水素結合を形成し，エンドオン構造が安定化されやすいことが考えられる。

(4) ストーン・ウェルズ欠陥の場合

実際に合成されているカーボンアロイ触媒には欠陥が多く含まれており，エッジに加えてベーサル面内の欠陥が反応の活性点となっている可能性がある。しかしながら，カーボンアロイ触媒に含まれている欠陥の構造はまだ明らかになっていない。そこでここでは，カーボンナノチューブやグラフェンに生じる代表的な欠陥として知られているストーン・ウェルズ欠陥とドーパントの窒素が共存した場合の酸素吸着の可能性を考える。ストーン・ウェルズ欠陥は図9の左に示したように5員環と7員環2対からなり，この欠陥の導入によりグラフェンは5員環が並んだ方向に湾曲する（図9左下参照）。湾曲部の炭素はsp^3混成軌道成分をもつようになるため，酸素分子の吸着構造が安定化されやすくなると期待される。5員環同士をつなぐ炭素の一方を窒素で置換しもう一方の炭素（C^*と記す）に酸素分子を近づけた場合の自由エネルギーの変化を図9の右に示した。点線で示した未ドープの場合と比較すると，窒素のドープにより酸素分子を炭素C^*に近づけていったときの自由エネルギーの増大が大幅に抑えられることが分かる。しかしな

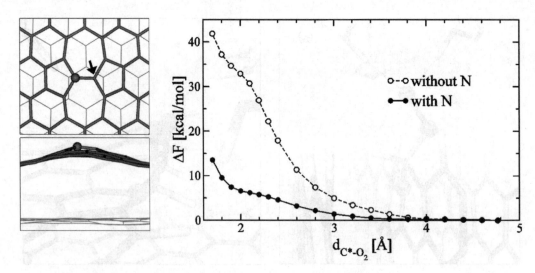

図9 窒素をドープしたストーン・ウェルズ欠陥のモデル（左）と矢印を付した炭素 C^* に酸素分子を近づけたときの自由エネルギーの変化（右）
欠陥のモデルを上から（横から）見たものを左上（左下）に示した。ドープした窒素は球で表されている。比較のために未ドープの場合の結果を右図に点線で示した。

がら，C^*-O_2 間距離を1.8Åあたりにしてもエッジの場合のように極小を示さない。この結果は，ストーン・ウェルズ欠陥に窒素をドープしても酸素還元反応の活性点となる可能性はかなり低いことを示している。

1.3.3 酸素分子還元過程

3.2節ではグラフェンエッジの炭素に酸素分子が吸着した際の吸着構造としてエンドオンとサイドオンの2つの構造をとり得ることを示した。それでは，これらの構造をとって炭素に吸着した酸素にアノードからプロトンが電解質を通って供給され，それとともに電子が外部回路を通って供給されることによって，吸着酸素が還元されていく過程を調べる。還元過程のシミュレーションの手順は以下の通りである。酸素分子が既にエッジに吸着したカーボンアロイのモデルと少量の水を入れたスーパーセルを初期配置とし，これに順次プロトンと電子を追加して室温で数ピコ秒の第一原理分子動力学シミュレーションを実行する。反応が進行すればさらにプロトンと電子を追加して同様の操作を還元反応が完了するまで繰り返す。ただし，途中で反応が止まった場合には，ブルームーンアンサンブル法を用いて活性化障壁を求め反応の律速段階を特定する。以下では，吸着構造の違いによって酸素の還元過程がどのように異なるかに注目する。

(1) エンドオン構造の場合

図6あるいは図8(a)に示したように，酸素分子がエンドオン構造でエッジ炭素に吸着された場合，炭素に吸着されていないフリーの酸素原子と水分子の間に水素結合が形成されやすい。よっ

第7章 カーボンアロイ触媒の原理

て,アノードから電解質を通って供給されたプロトンはフリーの酸素原子の方を選択的に攻撃し,吸着子-C-O-O 末端のプロトン化が自発的に進行する。その後の反応経路は C-O 結合の強さにより2つに分岐することが明らかとなった。まず,アームチェアエッジに吸着した場合のように C-O 結合が弱いと C-O 結合が切断され,ヒドロペルオキシドラジカル OOH^- が脱離し(図10(a)),すぐにプロトンと結合して過酸化水素 H_2O_2 が生成する。よって,この反応経路を経た場合,酸素の還元反応は $O_2+2H^++2e^- \rightarrow H_2O_2$ で表される2電子還元反応となって燃料電池としては不都合である。一方,図7(c-1)のように C-O 結合が十分強い場合には O-O 結合が選択的に切断され,図10(b)に示したように水酸化物イオン OH^- が脱離し吸着炭素原子上に酸素原子が一つ残される。脱離した OH^- はプロトンと結合して一つ目の水分子が生成する。一方,エッジ炭素上に残った酸素原子はすぐに水分子と水素結合を形成するため,容易にプロトン化されヒドロキシ基に変換される。最後にこのヒドロキシ基をプロトンが攻撃し脱水反応が起これば還元反応は完了するが,この過程は熱活性化過程となっており,活性化障壁はブルームーンアンサンブル法を用いて約 5 kcal/mol と見積もられている。

(2) サイドオン構造の場合

サイドオン構造で酸素分子が吸着された場合には O-O 結合が切断されることによって還元反応が開始される。O-O 結合の切断は最低非占有軌道が O-O 反結合性軌道成分をもつため余分の電子が供給されれば容易に起こる。一旦 O-O 結合が切断されれば酸素原子は速やかにプロトン化され2つのヒドロキシ基に変換される。その途中の様子を図11に示した。図の上部にヒドロニウムイオン H_3O^+ があるが,そのプロトンの一つが水素結合をしている隣の水分子に飛び移る。

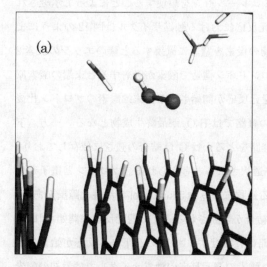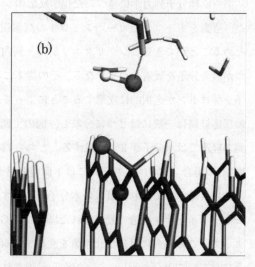

図10 吸着子-C-O-O 末端の選択的プロトン化後の(a)ヒドロペルオキシドラジカル OOH^- の脱離と(b)水酸化物イオン OH^- の脱離

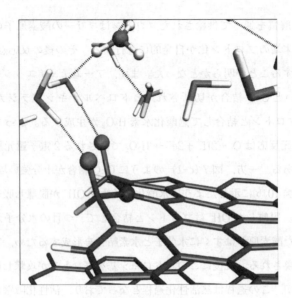

図11　ジグザグエッジ状ステップに吸着した酸素分子の O-O 結合切断直後の様子
点線は水素結合を表している。

同様のことを繰り返すことによって最終的に奥の酸素原子がプロトン化される。このヒドロキシ基をプロトンが攻撃し水分子として脱離する過程はやはり熱活性化過程となっており，約 5 kcal/mol の活性化障壁を越える必要がある。もう一つのヒドロキシ基も同様にして還元されることによって還元反応は完了する。

1.3.4　触媒サイクル

　第一原理分子動力学に基づいた化学反応のシミュレーションを駆使することによって示唆された，窒素をドープしたカーボンアロイの酸素還元反応における触媒サイクルは図12のようにまとめることができる。ジグザグエッジの一列内側の炭素を窒素に置換すると隣のエッジの炭素2つが酸素分子を吸着しやすくなる。その炭素にエンドオン構造で酸素が吸着すると末端の酸素原子をプロトンが選択的に攻撃することによって還元反応が開始される。末端酸素のプロトン化後の反応経路は一般には2つに分岐し，図の上側の経路では H_2O_2 が最終生成物となる。一方，下側の経路では水分子が2つ生成する。どちらの経路をとるかは C-O 結合の強さに依存しており，図12の場合（図8(a)に対応）には下側の経路が選択されると考えられる。プロトンと電子が効率的に供給されていれば最後の水分子が脱離する過程にのみ約 5 kcal/mol の活性化障壁がある。一方，サイドオン構造で吸着された場合，O-O 結合が切断されることで還元反応が開始される。よって，この場合には過酸化水素を生成する経路は存在せず，図12の右下から反応が始まることになる。このシミュレーションから示唆された酸素の還元反応の触媒サイクルでは最初の酸素分子の吸着過程が反応の律速段階となっている。

第7章　カーボンアロイ触媒の原理

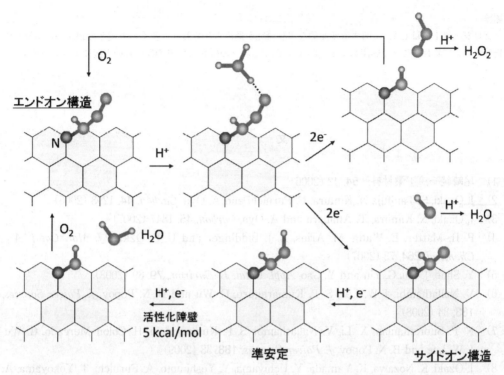

図12　シミュレーションによって示唆されたグラフェンエッジに吸着した酸素の還元反応過程

1.4　おわりに

　カーボンアロイが白金等の貴金属に替わる触媒として実用化されれば広範囲の分野において極めて強いインパクトを与える。しかしながら，実際に合成される材料は複雑な構造をしており触媒反応の活性点および触媒反応機構を実験によって解明することは極めて困難である。一方，第一原理電子状態計算に基づいたアプローチは反応の素過程を解明し律速段階を特定する有力な方法であるが，扱える系の大きさに制約があり実際の材料とは必ずしも対応していない。従って，理論シミュレーションで得られた結果と実験との対応を注意深く行うことが重要である。固体高分子形燃料電池のカソードにおける酸素還元反応の触媒として現在開発されているカーボンアロイ触媒においては，反応に関わる窒素の存在形態が放射光を用いて解析されており[17]，これまでのところ，シミュレーションから示唆されている結果との不一致は見られていない。更にカーボンアロイ触媒の触媒活性を向上させるためには，いかにして活性点を増やすかが今後の課題となろう。そのためには，高活性なジグザグエッジの生成条件を明らかにするとともに，活性点となり得るベーサル面内の欠陥をさらに探索する必要があると考えられる。

白金代替カーボンアロイ触媒

謝辞

プロジェクトではCACに関する多面的な実験研究が進められており，多くの人達との議論が理論研究の指針を与えてくれることを感謝します．CACに関する我々の研究は，NEDOからの支援によっています．

文　献

1) 尾崎純一，工業材料，**54**, 42 (2006)
2) J. Ozaki, S. Tanifuji, N. Kimura, F. Furuichi and A. Oya, *Carbon*, **44**, 1298 (2006)
3) J. Ozaki, N. Kimura, T. Anahara and A. Oya, *Carbon*, **45**, 1847 (2007)
4) P. H. Matter, E. Wang, M. Arias, E. J. Biddinger and U. S. Ozkan, *J. Mol. Catal. A : Chemical*, **264**, 73 (2007)
5) Y. Shao, J. Sui, G. Yin and Y. Gao, *Appl. Catal. B-Environ.*, **79**, 89 (2008)
6) V. Nallathambi, J-W. Lee, S. P. Kumaraguru, G. Wu and B. N. Popov, *J. Power Sources*, **183**, 34 (2008)
7) N. P. Subramanian, X. Li, V. Nallathambi, S. P. Kumaraguru, H. Colon-Mercado, G. Wu, J-W. Lee and B. N. Popov, *J. Power Sources*, **188**, 38 (2009)
8) J. Ozaki, K. Nozawa, K. Yamada, Y. Uchiyama, Y. Yoshimoto, A. Furuichi, T. Yokoyama, A. Oya, L. J. Brown and J. D. Cashion, *J. Appl. Electrochem.*, **36**, 239 (2006)
9) グラフェンについての最近の解説記事として，若林克法，草部浩一，日本物理学会誌，**63**, 344 (2008)
10) T. Ikeda, M. Boero, S. F. Huang, K. Terakura, M. Oshima and J. Ozaki, *J. Phys. Chem. C*, **112**, 14706 (2008)
11) S. F. Huang, K. Terakura, T. Ozaki, T. Ikeda, M. Boero, M. Oshima, J. Ozaki and S. Miyata, 投稿済
12) S. S. Yu, W. T. Zheng, Q. B. Wen and Q. Jiang, *Carbon*, **46**, 537 (2008)
13) H. Sjöström, S. Stafström, M. Boman, and J. -E. Sundgren, *Phys. Rev. Lett.*, **75**, 1336 (1995)
14) S. Stafström, *Appl. Phys. Lett.*, **77**, 3941 (2000)
15) M. Sprik and G. Ciccotti, *J. Chem. Phys.*, **109**, 7737 (1998)
16) G. Ciccotti and M. Ferrario, *Mol. Simul.*, **30**, 787 (2004)
17) H. Niwa, K. Horiba, Y. Harada, M. Oshima, T. Ikeda, K. Terakura, J. Ozaki and S. Miyata, *J. Power Sources*, **187**, 93 (2009)

2 実験によるカーボンアロイ触媒の発現原理

近藤剛弘[*1], 中村潤児[*2]

2.1 はじめに

　炭素は4本の共有結合をとることができ，結合の状態によって数種類の同素体を形成する。炭素同士がsp^2混成軌道により正六角形の平面構造を形成し，π共役系を構築するとグラフェンシートとなる。これを積層したものがグラファイトであり，単層あるいは多層の同軸管状になったものがカーボンナノチューブである。sp^3混成軌道を形成して3次元的な結晶構造をとるとダイヤモンドとなる。これらは全て炭素の同素体であるが，いずれも物性が大きく異なっている。これらの炭素材料に欠陥が生じるだけでも物性は変化する。このため炭素材料は，積極的な欠陥導入やドーピング，グラフェンエッジの制御，異種元素との結合形成により新たな物性を創成する可能性を秘めた材料として考えることができる。ここにおいて"安価な炭素材料を貴金属触媒と同様の性質に変えられるのではなかろうか"という発想が生まれる。すなわち，炭素と異種元素との相互作用を利用した白金代替触媒の開発が期待される。実際，このような概念に基づき燃料電池用カソード電極触媒材料やガソリン自動車の排ガス処理触媒材料としてカーボンアロイ触媒[1〜5]が脱白金材料の候補として最近になり大きな期待を背負ってきている。

　炭素材料に関する研究の歴史は古いが，異種元素とグラファイト系炭素との原子レベルでの相互作用についてはほとんどわかっていない。しかし，その炭素研究の多くの蓄積のなかには触媒設計の観点で非常に魅力的な報告が散見される。すなわち，異種元素と炭素表面間で電子授受が起きること，スピンが関与すること，炭素が触媒活性を有すること，炭素の電子状態の制御によって担持する触媒金属微粒子の電子状態が変化することなどが報告されている。現代に至るまでの炭素材料の触媒効果や担体効果に関する研究の流れを鳥瞰すると，その底流にはある重要な原理原則が存在するものと想像される。その解明には，筆者らが専門とする表面科学の研究が必須である。我々は，炭素材料の触媒効果や担体効果を調べるために，グラファイトの表面を様々なイオンでスパッタリングしたり，数ナノメーターサイズの金属微粒子を蒸着させたりしてモデル触媒を作成している。種々の表面分析手法を適用して，モデル触媒における金属微粒子や炭素の電子状態・反応性・構造などを調べ，実験により炭素材料の触媒機能発現や担持金属微粒子の触媒機能制御の要因の本質に迫ろうと試みている。

　最近，カーボンアロイ触媒の中でも特に，窒素を添加したグラファイト系炭素が酸素還元のカソード触媒として機能するという報告がなされている。このメカニズムとして，炭素原子か窒素

[*1] Takahiro Kondo　筑波大学　大学院数理物質科学研究科　物質創成先端科学専攻　助教
[*2] Junji Nakamura　筑波大学　大学院数理物質科学研究科　物質創成先端科学専攻　教授

原子のどちらか，あるいは両方の電子状態が変調して酸素還元サイトを形成した可能性がある。そのため，窒素原子近傍の原子の電子状態や反応性を詳細に調べる必要がある。我々はこれらの点に着目し，走査トンネル分光法を用いてグラファイト表面上の白金微粒子やグラファイト表面欠陥の系などにおいて，局所的な電子状態を調べている。

本稿では，これまでの実験による研究過程で見えてきた成果として，白金微粒子を真空蒸着したグラファイトと Ar^+ イオンや N_2^+ イオンスパッタ処理をしたグラファイトとの間に見られる電子状態の観点での共通点を具体的に示す。そのなかでカーボンアロイ触媒の発現原理の可能性について言及したい。

2.2 白金微粒子を真空蒸着したグラファイト表面

カーボンアロイ触媒との比較対象として，白金微粒子を真空蒸着したグラファイト表面（Pt/HOPG）について，特に走査トンネル顕微鏡（STM）による原子レベルでの形態観測結果やフェルミエネルギー近傍の電子状態に関しての計測結果を詳しく述べる。

我々はこれまで，Pt/HOPG の特性を数多くの表面分析手法によって詳細に調べてきた[6～9]。下地となるグラファイト材料には，表面研究で広く用いられている高配向性熱分解グラファイト（HOPG）を使用した[10]。図1(a)は，Pt/HOPG の走査トンネル顕微鏡（STM）像である。明るい点が Pt 微粒子である。図1(b)は Pt 微粒子の"高さ―幅分布"を示している。直径 1.5～5.0 nm の Pt 微粒子が1～2原子層の高さで，主に HOPG のテラス上に存在することがわかる。超高真空中で Pt 微粒子を真空蒸着すると，このような2次元の平坦な Pt 微粒子が HOPG のテラス上で形成されることがよく知られている[6～12]。これは Pt-C 間の相互作用が Pt-Pt 間の相互作用よりも強いことを示唆している。Pt/HOPG を原子分解能で測定した STM 像が図1(c)である。Pt 原子は β 炭素（直下のグラファイト層の炭素原子に隣接していない炭素原子[13]）の直上において輝点として観察される。複数のグループから同様の観測結果が報告されている[6, 10～12, 14～16]。図1(d)は図1(c)の AA' 間におけるラインプロファイルであるが，Pt 微粒子はグラファイトの β 炭素と同じ振幅と周期の凹凸を有した輝点として見えており，単原子層の高さであることがわかる。これは Pt 原子がグラファイトに整合性よく堆積していることを示している。グラファイト上におけるこのような Pt 微粒子は，単結晶 Pt と比べて Pt-Pt 間距離が約 13% も短いため，β 炭素と Pt 原子との間には Pt-Pt 間の反発相互作用に打ち勝つ程度の比較的強い Pt-C 結合が形成していると考えられる。Pt-Pt 原子間距離が変化するということは Pt の電子状態が変化していることを意味する。したがって，Pt-C 間の強い相互作用により Pt の電子状態が変化することが示唆される。実際，X線光電子分光法で電子状態を調べると[6, 7]，単原子層 Pt に対する $Pt4f_{7/2}$ ピークは通常の Pt 微粒子のそれよりも高エネルギー側へシフトする。ここで測定に起因するシ

第 7 章　カーボンアロイ触媒の原理

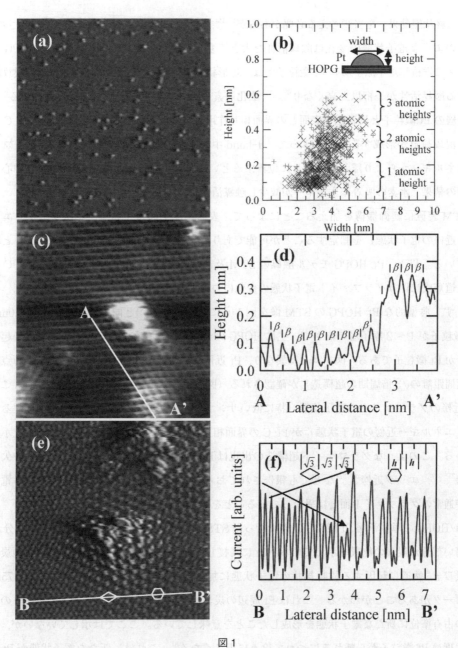

図 1

(a) STM current image of the Pt-deposited HOPG at 17K ($129 \times 129 nm^2$, Sample bias $V_s = -101mV$, Tunneling current $I_t = 157pA$). (b) Height-width distribution of the Pt clusters as estimated from three different STM height images. The different colors represent the differences in the analyzed image. (c) STM height image at 6.1K ($6.3 \times 6.3 nm^2$, $V_s = 308mV$, $I_t = 201pA$). (d) Line profile along AA' line in the STM height image c, where β represents the peak position difference of 0.246nm. (e) STM current image at 6.1K ($8.4 \times 8.4 nm^2$, $V_s = 249mV$, $I_t = 205pA$). (f) Line profile along AA' in the STM current image e, where $\sqrt{3}$ and h represent the $(\sqrt{3} \times \sqrt{3})$ R30° structure and the honeycomb structure, respectively.

フト（終状態効果）を当然考える必要があるが[17,18]，その効果よりも大きなシフトが観測される。

このような電子状態の変化は触媒活性を大きく変化させる。詳細は割愛するが，HOPG上のテラスに堆積した単原子層のPt微粒子では，球形状のPt微粒子に比べて水素重水素交換反応に対する触媒活性が一桁以上高くなり[6]，一酸化炭素の吸着エネルギーが30%近く激減する[9]。単原子層のPt微粒子と炭素担体表面との界面相互作用のメカニズムとして，我々は，PtとCとの間に混成軌道が形成することによって，d-band中心位置がバルクのPtのそれに比べてフェルミエネルギーからより離れたところに位置するというモデルを提唱している。d-band中心位置移動の結果，水素の吸着エネルギーが減少し触媒活性が向上したと考えられる[6]。

STM装置に制御機構を加えることによって，表面単原子の電子状態（特にフェルミエネルギー近傍の電子状態）を測定することが可能であり，これは走査トンネル分光法（STS）と呼ばれている。以下，Pt/HOPGモデル触媒のSTM及びSTS計測で明らかとなった，PtとCの混成軌道形成に伴うグラファイト電子状態の変化について述べる。

まず，典型的なPt/HOPGのSTM像を図1(e)に示す。図1(c)と同様に，直径1.5～5.0 nmのPt微粒子が1～2原子層の高さで，主にHOPGのテラス上に存在することがわかる。隆起した部分がPt微粒子である。図1(c)とは異なり，Pt近傍で下地のHOPGよりも長い周期の輝点（β炭素間距離の$\sqrt{3}$倍周期の超構造）が確認される（図1(f)のラインプロファイルを参照）。これはPt近傍のグラファイトの電子状態（特に低いサンプルバイアスでトンネル電流に寄与するフェルミエネルギー近傍の電子状態）がPt-Cの界面相互作用によって変調されていることを示唆している。このようなグラファイト超構造の出現はHOPG上の他の金属微粒子近傍[19,20]や欠陥部近傍[21~27]，エッジ近傍[28~32]などでも報告されており，いずれもフェルミ面付近における電子状態が通常のグラファイト面とは異なっていることを示している。

Pt/HOPGの単原子層Pt微粒子近傍で行ったSTS測定の結果を図2に示す。明るい部分がPtで暗い部分が炭素の位置を示している。Ptに隣接した炭素原子上のSTS測定では，下地炭素のπ及びπ^*軌道に起因する放物線状の電子状態に加えてフェルミエネルギー付近（約-75 mV）にピークがあることがわかる。これはPt周辺の炭素原子において，フェルミエネルギーの極近傍の占有準位に新たな電子状態を形成したことを意味している。ここでは示していないが，ピーク強度はPt微粒子から離れるにつれて徐々に小さくなる[8]。これは，新たな電子状態がPt微粒子堆積部分から発生して周辺に広がっていることを意味している。第一原理計算による解析など[8]から，これはPtの5d電子軌道とCのπ電子軌道が混成軌道を形成することで出現した炭素の非結合π電子準位であると考えられる。すなわち，Ptと直下のβ炭素の間に化学結合が生じ，その結果，α炭素に非結合性軌道が生じるのではないかと考えている。

第7章 カーボンアロイ触媒の原理

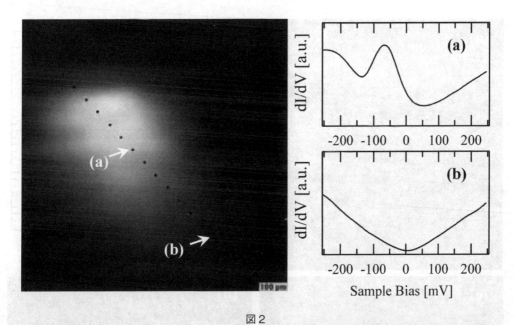

図2
STM height image of Pt/HOPG at 5.5K. STS spectra were obtained around a Pt cluster on HOPG at 5K (2.43×2.43nm², $V_s = -298$mV, $I_t = 298$pA, $\Delta V = 30$meV). Ten STS spectra were measured and the averaged spectra are shown.

2.3 Ar$^+$イオンスパッタリング処理をしたグラファイト表面

カーボンアロイ触媒の活性点の1つとして考えられるグラファイト欠陥部やナノシェル構造をモデル化した表面を作成するにあたり,我々はHOPG表面にAr$^+$イオンスパッタリングを施した。この表面をSTMで観察し,STS測定を行ったところ,Pt/HOPGと共通するフェルミエネルギー近傍の電子状態が観測された[33]。以下で詳しく述べる。

超高真空中において300eVのAr$^+$イオンを15分間スパッタリングしたHOPG表面のSTM像を図3(a)に示す。グラファイトが破けた穴のように見える黒点や,突起部として見える輝点が複数確認できる。これらはいずれも清浄なHOPGでは見られない点であり,Ar$^+$イオンの衝突により,グラファイト表面の炭素間結合の一部が切断され,グラファイトの電子状態が変調している可能性を示唆している。輝点と黒点の高さ及び幅の分布を図3(b)に示す。単原子層程度の高さの突起又は穴が2〜4nmの幅で形成していることがわかる。穴部周辺の原子分解能STM像を図3(c)に示す。炭素原子が破けている様子が確認できる。炭素破損部周辺は輝点や炭素の電子状態変調に由来する超構造が図1の場合と同様に確認される。炭素破損部より遠い位置におけるグラファイトのβ炭素位置を基準にグラファイトの六員環を重ねた結果を図3(d)に示す。矢印で示したようにグラファイトのzigzagエッジが複数現れることが確認できる。これはAr$^+$イオンスパッタリング処理によりグラファイト表面に局所的にzigzagエッジを形成することが可能であ

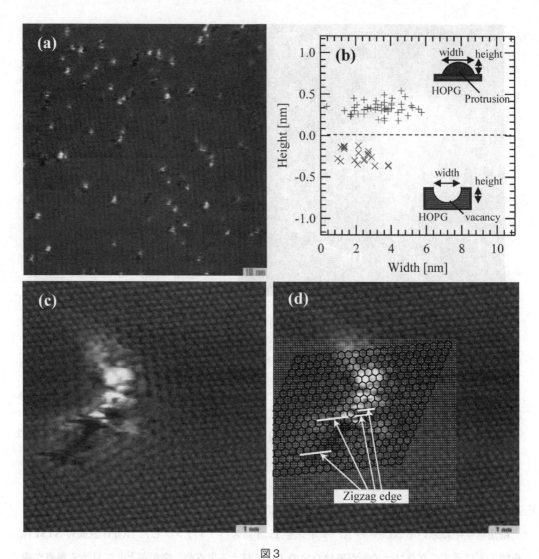

図3
(a) STM height image of Ar^+ sputtered HOPG at 5.5K ($100 \times 100 nm^2$, $V_s = 300mV$, $I_t = 100pA$). (b) Height-width distribution of vacancies as estimated from STM height image a. (c) STM height image at 5.5K ($8 \times 8 nm^2$, $V_s = 300mV$, $I_t = 153pA$). (d) The graphite lattice layer is superimposed to the STM height image c, where the size and position of the lattice are determined based on the position of β-carbon atoms.

ることを示している。この欠陥部周辺で行ったSTS測定の結果を図4に示す。欠陥部より1nm以上離れた位置においても図2の場合と同様のフェルミエネルギー付近（約-75mV）のピークがあることがわかる。これはAr^+イオンスパッタによって形成した炭素欠損部がグラファイトの電子状態を比較的長距離まで変調している（電子状態変調が非局在化している）ことを示唆している。一方，欠陥部の極近傍においては，フェルミエネルギー近傍の非占有準位（約+75mV）

第7章 カーボンアロイ触媒の原理

にも新たな電子状態が形成されていることが分かる。いずれも図1の場合とは異なり，下地炭素のπ及びπ*軌道に起因する放物線状の電子状態がはっきり確認できないほど変調が大きいことが分かる。このような特異な電子状態の形成は炭素の破損に起因する非結合π電子に由来すると考えられるが，図4の場合は特に局所的なzigzagエッジの形成が鍵を握っていると考えられる。図4(a)に見られる占有及び非占有準位での状態密度ピークは，それぞれ炭素の非結合π電子のup-spinとdown-spinがハーフメタル強磁性のように分裂したものとして考えることもできる。いずれにせよ，フェルミエネルギー近傍の電子状態がAr^+イオンスパッタリングにより大きく変調されることが実験的に示された。

Ar^+イオンスパッタリングによって現れる，もう1つの極端なグラファイト電子状態変調の例を図5に示す。これは超高真空中において500eVのAr^+イオンを15分間スパッタリングしたHOPG表面の輝点周辺での原子分解能STM像である。β炭素間の距離が歪み，盛り上がった部分が形成していることが分かる。盛り上がった部分は曲率を持ったグラファイトのナノシェル構造として考えることができるが，この位置においてフェルミエネルギー近傍に電子状態があることが図5(a)から分かる。従って，グラファイトシートの局所的な歪みによってもsp^2のπ共役系に乱れが生じ，炭素の非結合π電子準位が発生する可能性があることが実験的に示されたといえる。

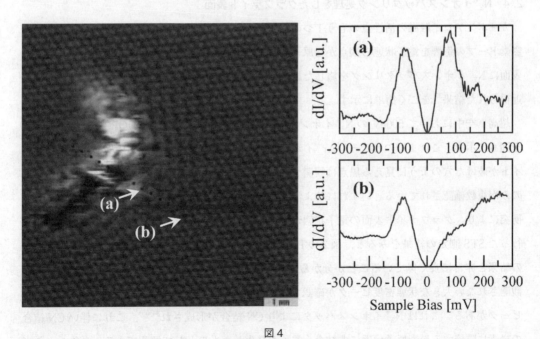

図4

STM height image of Ar^+ sputtered HOPG at 5.5K ($8 \times 8 nm^2$, V_s=299mV, I_t=155pA, ΔV=30meV). (a and b) STS spectrum obtained at the position indicated by the arrow in the image.

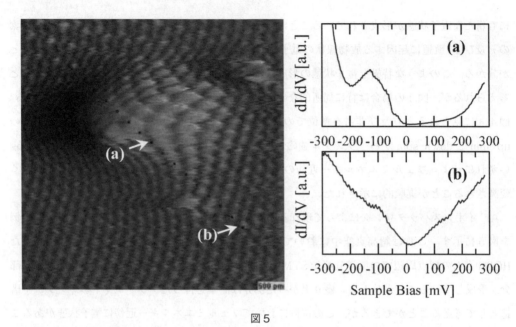

図5
STM height image of Ar$^+$ sputtered HOPG at 5.5K (5×5nm^2, $V_s=309$mV, $I_t=233$pA, $\Delta V=30$meV). (a and b) STS spectrum obtained at the position indicated by the arrow in the image.

2.4 N$_2^+$イオンスパッタリング処理をしたグラファイト表面

カーボンアロイ触媒の活性点のもう1つの重要な要素として考えられているグラファイトへの窒素ドープの影響を電子状態の観点から原子レベルで実験的に詳細に調べるため，我々はHOPG表面にN$_2^+$イオンスパッタリングを施した試料においても同様の測定を行っている。ここでは最近得られた結果[33]をごく簡単に示す。

超高真空中において500eVのN$_2^+$イオンを15分間スパッタリングしたHOPG表面のSTM像を図6に示す。これまでのところ，Ar$^+$イオンスパッタリングをした場合とは異なり，グラファイトが破けた穴のように見える黒点は観測されておらず，図6のような突起部として見える輝点のみが複数確認されている。いずれにせよ清浄なHOPGでは見られない点であり，N$_2^+$イオンの衝突により，グラファイト表面の電子状態が変調している可能性を示唆している。輝点部周辺で行ったSTS測定の結果をみると，図2のPt/HOPGや図5のAr$^+$イオンスパッタ後のHOPGでの結果と非常に良く似ていることが分かる。即ちフェルミエネルギー近傍に清浄なHOPGでは観測されない大きな状態密度ピークが確認できる。図2の場合と同様に占有準位の約−75mVにピークがある。これはN$_2^+$イオンスパッタによりCN結合が形成され[34,35]，これに伴いCN結合の炭素に隣接する炭素原子付近に非結合π電子が発生したものとして解釈できる。今後，より高分解能でのSTM測定や非弾性トンネル分光（IETS）による振動状態解析をSTSと同時に詳細

第7章 カーボンアロイ触媒の原理

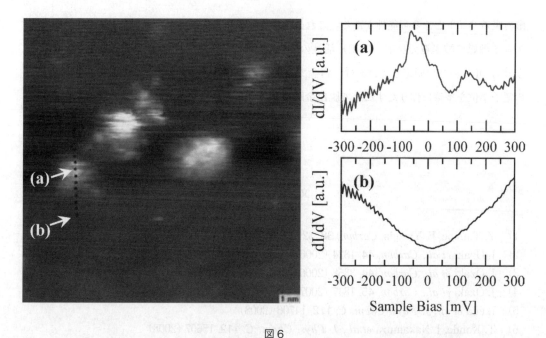

図6
STM height image of N_2^+ sputtered HOPG at 6K (7.68×7.68nm^2, V_s = 499mV, I_t = 153pA, ΔV = 50meV). (a and b) STS spectrum obtained at the position indicated by the arrow in the image.

に行うことにより，Nドープのより深い効果が理解されるものと考えられる。いずれにせよ，N_2^+スパッタリングによっても非結合π電子準位が発生する可能性があることが実験的に示されたといえる。

2.5 カーボンアロイ触媒の発現原理の可能性

以上述べた内容のポイントをまとめ，カーボンアロイ触媒の発現原理の可能性を述べる。まずPt/HOPGの場合，Pt微粒子がグラファイトのπ軌道と相互作用し，Pt微粒子の性質が変化すると伴に，グラファイト自身の性質が変化する。即ちPt-C混成軌道形成に伴い炭素の非結合π電子軌道がフェルミエネルギー極近傍の占有準位に発生する。これはラジカル種（不対電子）に対応するものと思われる。このラジカル種はπ共役の崩れが非局所的であるために比較的広範囲に広がって観測される。これと全く同様の電子状態がAr^+イオンスパッタリング及びN_2^+イオンスパッタリングを施したグラファイト表面でも実験的に初めて観測された。即ち，図2と図5と図6が，起源は違えども炭素の電子状態が同様に変調を受け，非結合π電子が発生したことを示している。

このような不対電子は常磁性の酸素分子と特異的な相互作用[36,37]をすることが考えられる。これにより例えば酸素のアニオンが形成される可能性も考えられる。つまり，この非結合性軌道が

酸素吸着サイトとなる可能性がある。これは，例えば燃料電池の電極触媒材料におけるカーボンアロイ触媒の酸素還元反応（ORR）活性の活性サイトとなっている可能性を意味している。すなわち ORR 活性に限定して言えば，白金でなくてもこのようなフェルミエネルギー近傍の炭素の電子準位を多量に作りだすことで脱白金触媒が作れる可能性があると考えられる。

文　献

1) Y. Tanabe, E. Yasuda, *Carbon*, **38**, 329（2000）
2) J. Ozaki *et al.*, *Carbon*, **44**, 1324（2006）
3) J. Ozaki *et al.*, *Carbon*, **44**, 3358（2006）
4) J. Ozaki *et al.*, *Carbon*, **45**, 1847（2007）
5) Ikeda *et al.*, *J. Phys. Chem. C*, **112**, 14706（2008）
6) T. Kondo, J. Nakamura *et al.*, *J. Phys. Chem. C*, **112**, 15607（2008）
7) 近藤剛弘，中村潤児，真空，**51**, 245-249（2008）
8) T. Kondo, J. Nakamura *et al.*, *submitted*
9) J. P. Oh, T. Kondo, J. Nakamura *et al.*, *submitted*
10) F. Atamny, A. Baiker, *Appl. Catal. A*, **173**, 201（1998）
11) G. W. Clark L. L. Kesmodel, *J. Vac. Sci. Technol. B*, **11**, 131（1993）
12) S. Eppell *et al.*, *Langmuir*, **6**, 1316（1990）
13) D. Tománek *et al.*, *Phys. Rev. B*, **35**, 7790（1987）
14) K. Sattler *et al.*, *Z. Phys. D*, **19**, 287（1991）
15) U. Müller *et al.*, *J. Vac. Sci. Technol. B*, **9**, 829（1991）
16) U. Müller, *Z. Phys. D*, **19**, 319（1991）
17) D-Q. Yang *et al.*, *J. Phys. Chem B*, **110**, 8348（2006）
18) G. Zhang *et al.*, *J. Phys. Chem. C*, **111**, 565（2007）
19) H, Xu *et al.*, *Surf. Sci.*, **325**, 285（1995）
20) M. Kuwahara *et al. Surf. Sc.*, **344**, L1259（1995）
21) H. A. Mizes, J. S. Foster, *Science*, **244**, 559（1989）
22) K. F. Kelly, N. J. Halas, *Surf. Sci*, **416**, L1085（1998）
23) J. G. Kushmerick *et al.*, *J. Phys. Chem B*, **103**, 1619（1999）
24) P. Ruffieux *et al.*, *Phys. Rev. B*, **71**, 153403（2005）
25) Y. Ferro, A. Allouche, *Phys. Rev. B*, **75**, 155438（2007）
26) J.C. Moreno *et al.*, *Surf. Sci.*, **602**, 671（2008）
27) L. Tapasztó *et al.*, *Physica E*, **40**, 2263（2008）
28) P. L. Giunta, S. P. Kelty, *J. Chem. Phys.*, **114**, 1807（2001）
29) Y. Niimi *et al.*, *Appl. Surf. Sci.*, **241**, 43（2005）

第7章 カーボンアロイ触媒の原理

30) Y. Kobayashi et al., *Phys. Rev. B*, **71**, 193406 (2005)
31) W. Pong, C. Durkan, *J. Phys. D*, **38**, R329 (2005)
32) Y. Niimi et al., *Phys. Rev. B*, **73**, 085421 (2006)
33) T. Kondo, J. Nakamura et al., submitted
34) I. Kusunoki, et al., *Surf. Sci.*, **492**, 315 (2001)
35) D-Q. Yang and E. Sacher, *Surf. Sci.*, **531**, 185 (2003)
36) T. Takahara et al., *Phys. Rev. B*, **76**, 035442 (2007)
37) K. Sugihara et al., *Phys. Rev. B*, **75**, 205422 (2007)

第8章　酸化反応触媒

1　過酸化水素製造

山中一郎*

1.1　はじめに

　化学工業において過酸化水素は基幹化学品の一つである。過酸化水素の用途はパルプの漂白，半導体洗浄，汚水処理，酸化剤，殺菌剤など多岐にわたっている[1]。特に過酸化水素を有機合成の酸化剤として用いた場合，広く用いられている重金属過酸化物や有機過酸化物と比較して大きな利点があげられる。酸化剤が基質に対して作用すると酸化生成物と各酸化剤に対応する使用済み物質，つまり水，重金属酸化物，含酸素有機物が各々副生する。従って，過酸化水素は酸化反応終了後の反応液の後処理が圧倒的に容易であり，環境保全のし易さ，および製造プロセスの低コスト化など多くの利点が考えられる。過酸化水素を酸化剤とした均一系触媒，不均一系触媒に関しては膨大な報告がある[2]。例えばプロピレンオキサイド製造では，プロピレンのエポキシ化反応による直接合成法が一部稼働している。今後，過酸化水素はクリーンな酸化剤として様々な合成反応に利用されることが期待されている。しかし，過酸化水素は現在エネルギー大量消費型の多段階反応であるアントラキノン法で製造されており，過酸化水素が広く利用されるためには製造プロセスの省エネルギー化，および低コスト化が解決すべき課題として残されている。

　水素と酸素から直接一段で過酸化水素が合成できれば理想的であり，これまでも各種パラジウム触媒を用いて水素酸素混合ガスから過酸化水素を直接合成する試みが繰り返し行われている。適切な反応条件ではかなりの効率で過酸化水素を生成，蓄積させることができる。しかし，水素酸素混合ガスの爆発範囲は広く，貴金属触媒を用いるため過酸化水素の蓄積に伴う爆発の危険性から逃れることはできず，解決困難なパラドックスを抱えている。著者らは触媒法の最大の弱点である水素と酸素の混合を回避し，両者を安全に反応させて過酸化水素を直接合成できる新反応法，燃料電池反応法を考案し実証している。

1.2　燃料電池電解法による過酸化水素合成

　本書で既に説明されているように燃料電池は化学エネルギーを高効率で電気エネルギーに変換できるデバイスである。一般的な燃料電池は，ガス拡散アノード／プロトン伝導性電解質

　＊　Ichiro Yamanaka　東京工業大学　大学院理工学研究科　応用化学専攻　准教授

第8章 酸化反応触媒

(Nafion-H)/ガス拡散カソード，からなる隔膜構造を有している。アノード室に水素燃料，カソード室に酸素（空気）酸化剤を導入し，酸素を水素由来の電子とプロトンで電気化学的に水に還元し，この時のギブス自由エネルギー変化を電力に変換できる。燃料電池は水素と酸素を物理的に分けた状態で反応させている。著者らは，この原理を酸素の水への完全還元ではなく，部分還元による過酸化水素合成に適用できるのではないかと考えた。

以前著者らは，図1-aに示したような水素／酸素―燃料電池反応を利用することにより，過酸化水素が一段合成できることを報告した[3]。このセルでは塩酸水溶液をカソード室に満たして酸素ガスを吹き込み，アノードは水素気流中に露出している。両電極間を閉回路にすれば，燃料電池反応の原理で自発的に電流が流れ，適切なカソードの選択により酸溶液中に溶解した酸素が電気化学的に過酸化水素に還元され蓄積する。様々なカソード（電極触媒）を検討した結果，金あるいはグラファイト電極を用いると過酸化水素が意味のある濃度で蓄積することを報告している。反応条件の適切化にもかかわらず，最大の過酸化水素蓄積濃度は0.2wt％であった。過酸化水素濃度が頭打ちになる原因を追及した結果，塩酸水溶液中の酸素濃度は，$P(O_2) = 1$ atm で約1mMであり，過酸化水素の蓄積とともに酸素の還元による過酸化水素生成反応式(1)と水への逐次還元反応式(2)が競争関係となり，0.2wt％以上の濃い過酸化水素を合成する事は極めて困難であることが明らかとなった。

$$O_2 + 2H^+ + 2e^- \rightarrow H_2O_2 \tag{1}$$

$$H_2O_2 + 2H^+ + 2e^- \rightarrow 2H_2O \tag{2}$$

過酸化水素濃度を高くするためには，カソードの触媒作用を改善するばかりでなく，カソード近傍の酸素濃度を高めうる必要がある。

著者らは図1-bの構造のセルを用いれば，1気圧のまま実質的に酸素濃度を高めることができると考えた。新燃料電池セルはカソードとアノード間に電解質水溶液を満たす構造であり，カソードの反対側は酸素気流中に，アノードの反対側は水素気流中に露出している。1気圧の酸素（45mM）を直接カソード中の反応サイト（三相界面）に供給でき，過酸化水素をより高濃度に蓄積できると考えられる。実際にカソード（電極触媒）のスクリーニングを行ったところ，活性炭（AC）と気相成長カーボンファイバー（VGCF）から作製したAC＋VGCFカソード，つまりカーボン触媒が有効であることを発見した。図2には，ACとVGCFの合計量を80mg一定として両者の組成と過酸化水素生成活性との関係を示している。AC単独あるいはVGCF単独のカソードは過酸化水素生成活性が低く，ACとVGCFを混合することにより幅広い組成で過酸化水素生成活性を示し，顕著な協奏効果が観測された。

過酸化水素蓄積濃度の高かったVGCF(50mg)＋AC(30mg)カソードを用いて，電解質の種類

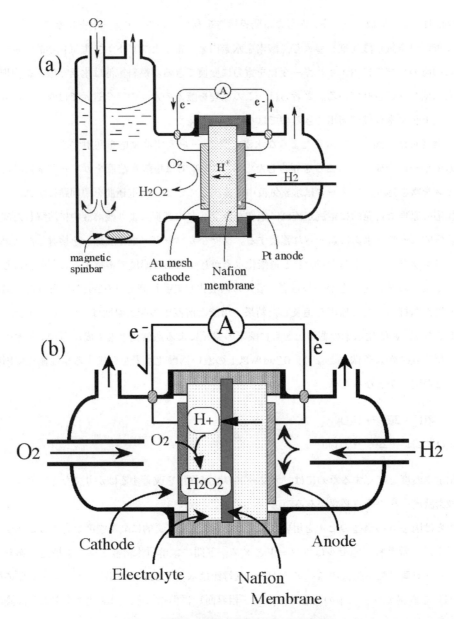

図1 過酸化水素合成用燃料電池型反応器

と濃度に関して適切化を行ったところ，0.6Mの硫酸水溶液を用いた時に過酸化水素蓄積濃度は1.2wt%まで向上し，電流密度30mA cm^{-2}，電流効率20%であった。過酸化水素生成の電流効率とは水素基準での選択性と同じ意味を有している。

VGCF(50mg)+AC(30mg)カソード上での過酸化水素生成機構について知見を得るため電気化学的検討を詳細に行った結果，ACが酸素の電気化学的還元を触媒し，VGCFは酸素の還元に

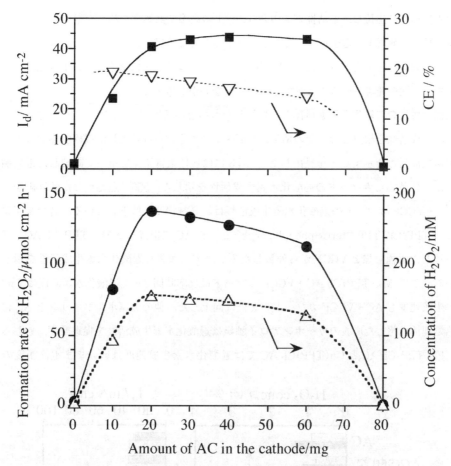

図2 AC＋VGCF カソード組成の H_2O_2 生成活性に及ぼす影響
反応温度 25℃, 反応器：図 1-b, 電解質水溶液：0.6M H_2SO_4, カソード：AC＋VGCF＝80mg, $P(O_2)$＝1atm, Pt/CB アノード, $P(H_2)$＝1atm。

は直接作用せず AC へ電子を供給する電線として機能していることが分かった[4]。

1.3 カーボンアロイ電極触媒を用いた過酸化水素合成

前記したように，酸性電解質溶液を用いた時には，AC＋VGCF カソードを用いても過酸化水素濃度 1.2wt％が上限であった。しかし，著者らはアルカリ性電解質溶液を用いた場合には，7wt％の過酸化水素が電流効率 90％以上で連続合成出来ることを実証している。このことは，酸性電解質を用いた条件でも，適切な電極触媒を選択できれば，高濃度の過酸化水素水の合成は可能であることを示唆している。

著者らは，発電を目的とした通常の燃料電池の白金電極触媒の代替触媒としてカーボンアロイ触媒が有効であるとの報告に着目した。広義のカーボンアロイ触媒は，Fe や Co のポルフィリ

ンを炭素担体上に担持し，不活性ガス中800℃以上の高温で熱処理を施したものである。カーボンアロイ触媒が酸素を4電子還元して水を生成することは本書中に記載された通りである。著者らは触媒調製条件を工夫することで，広義のカーボンアロイ触媒に酸素の2電子還元による過酸化水素生成活性を発現させることができるのではないかと考えた。

実際に，各種金属錯体を炭素担体上に担持したものを不活性ガス気流中550℃で熱処理し，過酸化水素生成活性を検討した。その結果，Mnポルフィリンから調製した電極触媒が特異的に過酸化水素生成活性を示すことを見出した[5]。図3には各種金属錯体を用いて調製した電極触媒とVGCFから作製したカソードの過酸化水素生成活性を示した。550℃熱処理した活性炭から作製したAC＋VGCFカソードの過酸化水素生成活性は約8割程度に低下している。各種金属錯体の中でMn(TPP)Cl (TPP：tetra-phenyl-porphyrin) をACに担持したMn(TPP)Cl/ACを550℃で熱処理した電極触媒とVGCFから作製したカソードは顕著な過酸化水素生成活性を示すことが分かる。このMn(TPP)Cl/AC＋VGCFカソードは反応時間2hで過酸化水素濃度は2wt％に達し，生成速度もAC＋VGCFカソードの2倍に向上した。他の金属ポルフィリンをACに担持して熱処理活性化した広義のカーボンアロイ触媒は過酸化水素生成活性を促進せず，むしろ阻害した。Fe(TPP)Cl/ACとCo(TPP)Cl/ACでは過酸化水素生成速度は低いまま電流密度の大き

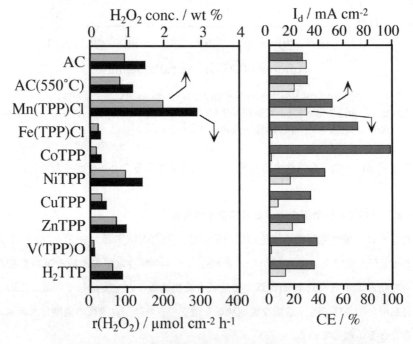

図3 カーボンアロイ触媒前駆体の過酸化水素生成活性に及ぼす影響
カーボンアロイ触媒：550℃熱処理を施した金属ポルフィリン担持活性炭（金属担持量0.3wt％）。反応温度25℃，反応器：図1-b，電解質水溶液：0.6M H_2SO_4。

第8章 酸化反応触媒

な増加が観測された。これは既報通り酸素の4電子還元による水の生成反応が優先的に進行したためである。このように，広義のカーボンアロイ触媒は触媒前駆体のポルフィリン金属の種類により大きく酸素還元反応の触媒作用が変化することが分かる。

次に各種Mn錯体をACに担持したものを550℃で熱処理活性化した電極触媒を調製し，VGCFと混練してカソードを作製し，過酸化水素生成活性を比較検討した。Mn(OEP)Cl $(356\,\mu\mathrm{mol\,cm^{-2}\,h^{-1}})>$Mn(TPP)Cl (290)>Mn(TPPS)Cl (265)>Mn(TMPyP)Cl (180)>AC (116)>Mn(salen) (110), Mn(Pc)Cl (99), Mn(acac)$_3$ (87)であった(OEP：octa-ethyl-porphyrin, TPPS：tetra-phenyl-sulfaonate-porphyrin, TMPyP：tetra-methyl-pyridinyl-porphyrin)。ポルフィリン以外のMn錯体は電流の増加も，過酸化水素生成活性の向上も観測されず，ポルフィリン環の重要性が改めて示されている。各種ポルフィリンの中ではTPPよりもOEPの方が，過酸化水素生成活性が高いことが分かる。そこで，Mn(OEP)Cl/ACについて詳細な検討を行った。

図4はMn(OEP)Cl/ACの熱処理活性化温度と過酸化水素生成活性を検討した結果である。熱

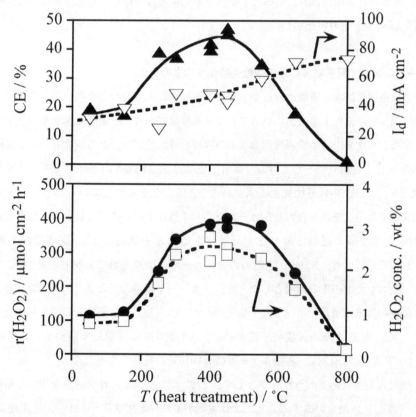

図4　Mn-OEP/AC カーボンアロイの熱処理温度の過酸化水素生成活性に及ぼす影響
カーボンアロイ触媒前駆体：Mn-OEP/AC（Mn担持量0.3wt%）。反応温度25℃，反応器：図1-b，電解質水溶液：0.6M H_2SO_4。

処理温度を200℃以上にすると過酸化水素生成活性が増加し，420℃付近で生成活性が極大となっている。この時の生成速度は$400\mu mol\ cm^{-2}\ h^{-1}$であった。また，過酸化水素生成の電流効率も熱処理活性化温度の上昇とともに向上し，420℃付近で最大電流効率45%を示した。熱処理活性化温度を600℃以上に上昇させると過酸化水素生成活性は著しく低下し，800℃では過酸化水素は全く蓄積しなかった。熱処理温度の上昇と共に電流密度は増加しており，酸素の電気化学的還元は促進されている。反応前の起電力（OCV）に注目すると，200℃から800℃までの熱処理温度の上昇に従って0.65Vから0.85Vまで連続的に変化することが観察されている。このことはMn(OEP)Cl/AC上での酸素分子の吸着状態の変化を反映している。いずれにしても熱処理温度600℃を境にして酸素の還元反応が2から4電子反応に大きく変化していることを示している。広義のカーボンアロイ触媒は，熱処理活性化温度により大きく触媒作用が変化することを示唆している。

Mn(OEP)/AC(450℃)+VGCFカソードを用いた時の過酸化水素生成反応の時間変化を調べたところ，電流は定常的に流れ，過酸化水素収量も定常的に増加し，過酸化水素濃度は反応時間4時間以降3.5wt%一定の値を示した。

1.4 カーボンアロイ電極触媒による中性過酸化水素水の合成

これまでは電解質溶液に硫酸水溶液や水酸化ナトリウム水溶液などを用いていたため，生成物は必然的に過酸化水素酸水溶液あるいはアルカリ水溶液であった。過酸化水素水の汎用性を考えた場合，塩なども含まない中性過酸化水素水の直接合成が理想的である。著者らは別途研究において，Nafion-Hを電解質膜として用いた露出SPE電解法（Exp-SPE）を考案し，水を用いた酸素の電解還元により，中性過酸化水素水が合成できることを見出している[6]。このExp-SPE電解法と燃料電池反応法を組み合わせ，カーボンアロイ触媒を用いることにより，高濃度の中性過酸化水素水が水素酸素燃料電池反応で合成できることを見出した[7]。反応器の基本構造はPEMFCと類似している。Nafion117膜の両面にカーボンアロイ触媒カソードとPt/Cアノードをホットプレスしたものを電解膜とした（図5）。カソードが半分浸るようにイオン交換水0.5mLを入れ1気圧の酸素およびアノードに1気圧の水素を導入し，反応温度5℃で両極間を短絡して反応を行った。電位はNafion膜の一部をAg/AgCl参照極に接続して観測した。開回路でのPt/Cアノード電位は-0.28V，各種カソードは0.4-0.6Vの範囲であった。

図5の燃料電池形反応器のカソードとして，まずAC+VGCFカソードを用いて検討を行ったところ（表1），回路を短絡することにより電流が流れ（電極電位-0.24V），電流効率9.8%で0.4wt%の中性過酸化水素水が生成した（run1）。カソードをすべてイオン交換水に浸漬させると電流も流れず過酸化水素も生成せず，カソードが酸素気流中に露出していることが中性過酸化水

第 8 章 酸化反応触媒

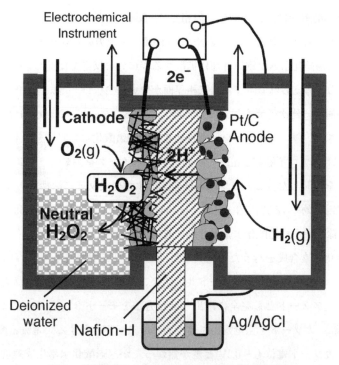

図5 中性過酸化水素合成のための燃料電池反応器
反応温度：5℃，電解質膜：Nafion-117（Du Pont），イオン交換水：0.5mL．

表1 各種カソードを用いたときの中性過酸化水素生成反応

run	cathode	I_d /mA cm^{-2}	$r(H_2O_2)$ /μmol cm^{-2} h^{-1}	$C(H_2O_2)$ /wt%	CE /%
1	AC+VGCF	10.2	18.6	0.4	9.8
2	0.3%CoTPP/VGCF (1073)	83	50	1.0	3.2
3	0.05%CoTPP/VGCF (1073)	29	46	1.0	8.4
4	0.05%CoTPP/VGCF (1073)-coated	60	139	2.9	12.5

素水生成の必要条件である。ACおよびVGCFを担体に各種金属錯体を金属基準で0.3wt％担持し，過酸化水素生成活性を検討した結果，773K以上で熱処理活性化したCo-TPP/VGCFが活性であることを見出した。1073Kで活性化したCo-TPP/VGCF(1073)は，電流効率は3.2%と低いものの過酸化水素生成速度が高く，1.0wt％中性過酸化水素水が生成した（run2）。電流効率の向上を目的に，Co担持量の適切化を行ったところ，0.05wt％Co-TPP/VGCF(1073)は過酸化水素生成速度一定のまま，電流効率が8.4％まで増加した（run3）。

白金代替カーボンアロイ触媒

酸素の電気化学的還元は，電極触媒（固相），Nafion-H（疑似液相），酸素（気相）の三相界面で進行していると考えられる。従ってNafion-H膜から遠方の電極触媒は酸素の電解還元に作用せず，生成した過酸化水素が電極外部に拡散する際に分解反応を促進し，結果的に過酸化水素収量を低下させると考えられる。また，三相界面が厚い場合には，電気化学的に過酸化水素の生成を促進すると同時に逐次還元も促進すると考えられる。従って，Nafion-H膜に接した部分に電極触媒を集中させ，薄い三相界面を形成させることが過酸化水素収量を向上させると考えられる。そこでカーボンアロイ触媒2 mgとNafion液からインクを調製し，VGCF電極片面にコートし，カソードを作製した。このカソードは過酸化水素生成反応に活性であり，2.9wt%の中性過酸化水素水が電流効率12.5%で生成した（run4）。薄い三相界面反応場と電気化学反応に関与し得ない触媒の除去が中性過酸化水素水合成に有効であることが分かる。

効率よく過酸化水素合成を行うため，異なる反応モードの比較を行った（図6）。図5が反応モード1である。次にカソード，アノード共にイオン交換水を1/2高さまで入れる反応法をモード2，カソード，アノードとも完全に露出させた方法をモード3，アノードにイオン交換水を1/2高さまで入れ，カソードを完全露出させた方法をモード4とする。電流密度はモード1～4間で差が無く，カソード電位も－0.2Vと差が無かったが，過酸化水素生成速度，電流効率，濃度は大きく異なった。また，反応2時間後，カソード液量はモード1が0.5から0.65mL，モード2が0.5から1.1mL，モード3はゼロから0.15mL，そしてモード4はゼロから0.61mLに増加した。過酸化水素生成速度および電流効率はモード2と4が高く，標準条件のモード1の3.5倍の生成速度および電流効率を示した。過酸化水素濃度はモード4が11wt%，モード2が6.5wt%であり，モード4が優れている。モード2では最初に入れたイオン交換水により単純に希釈されている。高濃度の過酸化水素合成という観点からは，電流効率，電流密度ともに低いもののモード3が優れている。図6から明らかなように，モード4が最も過酸化水素合成に適しており，11wt%の過酸化水素水が電流効率42%で生成した。イオン交換水の効果に着目すると，アノードにイオン交換水を1/2高さまで入れると，過酸化水素生成速度，電流効率を促進する作用があることが分かる（モード2，4）。

一方，カソードへのイオン交換水の導入は，過酸化水素生成速度，および電流効率への影響はほとんど無い（モード1，3）。モード4における，電気量，過酸化水素収量，および水生成量から計算すると，電流（H^+）が流れることによりH^+当たり2.8個の水分子がアノードからカソードに水和水として移動していると解釈できる。アノードへのイオン交換水導入の役割は，電流が流れることによりH^+の伝導に伴って移動する水和水により，カソード三相界面で生成した過酸化水素がカソード外部へ迅速に洗い出されるため，逐次還元，逐次分解が抑制され，過酸化水素として安定に蓄積できたと考えられる。モード4における経時変化を調べたところ，反応開始直

第 8 章　酸化反応触媒

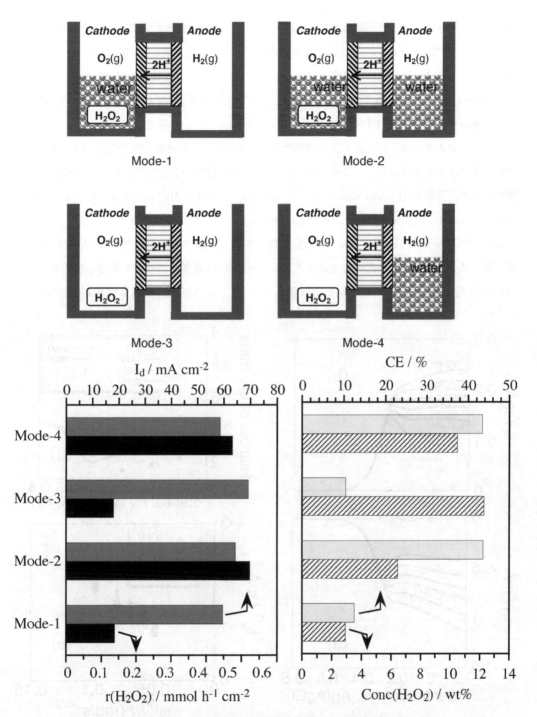

図6　反応モードの過酸化水素生成活性に及ぼす影響
反応温度：5℃，カソード：0.05wt%Co-TPP/VGCF(1073)-coating/VGCF，アノード：Pt/CB。
Mode-1：カソード 0.5mL 水，Mode-2：両室 0.5mL 水，Mode-3：水なし，Mode-4：アノード 0.5mL 水。

後から電流密度一定のもと(電極電位 −0.16 〜 −0.19V),過酸化水素収量は直線的に増加した。電流効率一定のまま 11wt% の中性過酸化水素水が定常的に生成蓄積し,反応開始後 8 h で 2.2mL 蓄積した。この時,過酸化水素生成に対する Co 当たりの TOF は $14s^{-1}$ と極めて高速,かつ 8 h での TON は $4×10^5$ と極めて効率よく過酸化水素生成を触媒した。0.05wt%Co-TPPP(1073)/VGCF 電極触媒の VGCF 上へのコート量 (0.5-4.0mg cm^{-2}) の影響を調べた結果,2 mg cm^{-2} が最も過酸化水素生成活性が高く,電流密度 90mA cm^{-2},電流効率 42% で 13.5wt%(4.0M) の中性過酸化水素水が生成した。この実験を通じて,電流密度と H$^+$ 当たりの水和水の移動量には相関があり,移動水/H$^+$ = 3.0(60mA cm^{-2}),2.6(80),2.3(90),2.0(110) であった。電流密度の増加と共に水和水の移動が少なくなることが分かる。

図 7 に回転リング (Pt)-ディスク(GC) 電極を用い,0.3wt%Co-TPPP(1073)/VGCF 電極触媒による酸素の電解還元反応の対流ボルタメトリーを 0.6M 硫酸水溶液中で測定した結果を示した。中性過酸化水素水合成条件とは厳密には一致しないが,三相界面反応場は Nafion-H

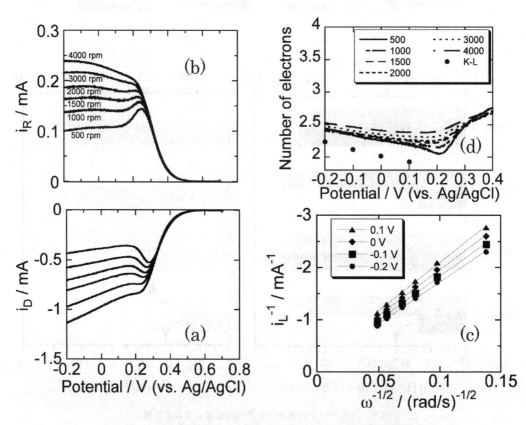

図 7　回転リングディスク電極 (RRDE) による酸素還元特性
ディスク電極:0.3wt%Co-TPP/VGCF(1073) + Nafion/GC。
リング電極:Pt,捕捉係数 0.36。

第8章　酸化反応触媒

（-SO$_3$H基）による局所的強酸性場と考えられる．図7-aに示したように，電位の低下と共にCo-TPPP(1073)/VGCF-GCディスク上で還元電流が観測され，やや複雑な変化が観測された．これに対応してPtリング（1.1V）では還元種の酸化電流が観測され，過酸化水素が生成していることが確認できた（図7-b）．各電位におけるディスク電流値をKoutecky-Levichプロットしたところ良い直線性を示した（図7-c）．この傾きから反応電子数を算出したところ，過酸化水素合成条件では2.1-2.2であった（図7-d）．またディスク電流とリング電流から割り出した反応電子数も2.3-2.4であり選択的酸素分子の2電子還元による過酸化水素生成が進行していることが分かる．Co-TPP/VGCFは不活性ガス気流中773K以上の高温熱処理により活性化され，酸素分子の電気化学還元活性を発現する．ポルフィリン以外のCoCl$_2$, Co(NO$_3$)$_2$等の単純な化合物を出発物質に用いても電流は殆ど流れず，過酸化水素生成活性も発現しない．TPD-Massを用いて熱活性化中の脱離生成物を観測したが，CO$_x$, H$_2$, H$_2$Oは観測されたがNO$_x$は観測できなかった．元素分析により触媒上にNは残存していることは確認している．予備的なXAFS測定のデータからCo-N結合の存在が示唆されている．以上の結果から，Co-TPP/VGCF(1073)の活性点は不活性ガス中での熱処理により，Co-TPPの骨格構造化がVGCF上で崩れ炭化することにより，Co-N$_x$-Carbonのような構造を形成することで酸素分子の過酸化水素への選択還元サイトが生成していると考えられる．

1.5　終わりに

　燃料電池反応セルを用いて，水素と酸素を物理的に隔てた状態で反応させることにより，爆発の危険性を抑制した状態で過酸化水素を直接合成することができる．硫酸水溶液等の酸性電解質水溶液を用いた場合，マンガンポルフィリン（Mn-OEP）を活性炭に担持して熱処理活性化した広義のカーボンアロイをカソード触媒に用いると，過酸化水素生成反応に有効であることが分かった．酸水溶液の代わりにナフィオン膜を用いることにより中性過酸化水素水が合成でき，コバルトポルフィリン（Co-TPP）を気相成長カーボンファイバー（VGCF）に担持して処理活性化した広義のカーボンアロイをカソード触媒に用いると有効であり，11wt%の中性過酸化水素水を電流効率（水素基準選択率）42%で連続的に合成できることが分かった．今後，広義のカーボンアロイ触媒の改善により電流効率の向上が実用化への大きなステップであると考えられる．

文　　献

1) 橋本英治, 触媒, **48**, (1), 51 (2006)
2) 佐藤一彦, 碓井洋子, 触媒, **46**, (5), 328 (2004)
3) K. Otsuka, I. Yamanaka, *Electrochim. Acta*, **35**, 319 (1990)
4) I. Yamanaka, T. Hashimoto, R. Ichihashi, K. Otsuka , *Electrochim. Acta*, **53**, 4824 (2008)
5) I. Yamanaka, T. Onizawa, H. Suzuki, N. Hanaizumi, K. Otsuka, *Chemistry Letters*, 1330 (2006)
6) I. Yamanaka, T. Murayama, *Angewandte Chemie, International Edition*, **10**, 1900 (2008)
7) I. Yamanaka, S. Tazawa, T. Murayama, R. Ichihashi, N. Hanaizumi, *ChemSusChem*, **1**, 988 (2009)

2 カーボンアロイ触媒によるアルコールの酸化反応

柿本雅明[*1], 早川晃鏡[*2]

2.1 はじめに

アルコールの酸化反応は実験室レベルから産業界に至るまで，最も重要な化学反応の一つである。第2級アルコールはケトンに酸化されるが，第1級アルコールはまずアルデヒドに酸化されついでカルボン酸に酸化される。実際にはアルデヒドは容易にカルボン酸に酸化されるため，第1級アルコールの酸化反応によりアルデヒドを選択的に得るのは簡単なことではない。第1級アルコールをクロム酸で酸化するとカルボン酸が唯一の生成物となる。この反応でアルデヒドを得るためには，クロム酸の誘導体で酸化活性を落としたピリジウムクロロクロメート（PCC）等の選択性のある酸化剤を使用する必要がある。

アルコールの酸化剤としては，クロム酸や過マンガン酸カリウムのような金属酸化物が最も一般的であるが，毒性がある重金属類が多量に副成すると言う欠点がある。また，ジメチルスルホキシドやTEMPOといった有機試薬による酸化法は，実験室スケールでは便利な酸化剤であるが，大スケールになると多量に副成生物がでるという問題がある。これらの酸化法と比べて，空気酸化は触媒を用いて酸素で酸化し，副成生物は水という，クリーンな酸化法である。空気酸化反応の触媒としてはプラチナやパラジウム等の貴金属触媒が一般的であるが，今回，カーボンアロイ触媒と硝酸の組合せで芳香族アルコールを空気酸化することに成功した。特にベンジルアルコールでは選択的にベンズアルデヒドが生成することを見出した。この反応系はグリーンケミストリーの立場からも興味深い。

2.2 カーボンアロイ触媒によるベンジルアルコールの空気酸化

カーボンアロイ触媒はフェノール樹脂とフタロシアニンから既報の方法により800℃5時間，窒素気流下で加熱することにより作製し，さらに濃塩酸で洗浄して鉄を取り除いたものを使用した[1～4]。以下，この触媒をwCACと記載する。wCACの表面積は330m^2/gであり，EDSの測定の結果，金属はほとんど検知されなかった（図1）。

最初にベンジルアルコールの酸化をwCAC存在下，酸素単独で行ったが，反応は全く進行しなかった。そこでこの系への添加剤を検討した。表1に添加剤検討の結果を示す。濃硫酸や加塩素酸では，その効果が大きすぎるためにベンジルアルコールは消費されるものの，ベンズアルデヒドの収率は低く，種々の生成物の混合物となった。メタンスルホン酸では，選択的にベンズア

[*1] Masa-aki Kakimoto 東京工業大学 大学院理工学研究科 有機・高分子物質専攻 教授
[*2] Teruaki Hayakawa 東京工業大学 大学院理工学研究科 有機・高分子物質専攻 准教授

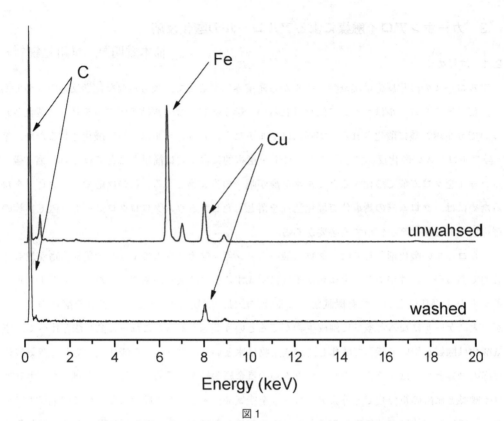

図 1
Comparison of EDS spectra between washed and unwashed carbon alloy catalyst. The Cu characteristic emission results from the sample holder grid, not from the carbon catalysts.

表 1　Comparison of benzyl alcohol oxidation with various additives

Run[a]	Additive	(mmol)	Conversion of alcohol (%)	Yield of Aldehyde (%)	Yield of Acid (%)
1	98%H_2SO_4	1	88	17	4
2	70%$HClO_4$	0.6	98	17	6
3	CH_3SO_3H	1	20	18	2
4[b]	CF_3SO_3H	1	98	0	0
5	47%HBr	1	0	0	0
6[c]	Na_2SO_3	1	0	0	0
7	Et_3N	1	0	0	0
8[c]	NaOH	1	0	0	0
9	67%HNO_3	1	96	89	7

a) General conditions: wCAC (10mg), alcohol (0.5mmol), 1,4-dioxane (2ml), 90℃, 5hours, atmospheric pressure. b) Biphenyl ether was the only byproduct. c) 70/30vol.% 1,4-dioxane/water mixture was used as solvent.

第8章　酸化反応触媒

ルデヒドが得られたが，その転化率は20%と低いものであった。また，トリフルオロメタンスルホン酸の場合には，酸化反応生成物は得られず，主にジベンジルエーテルが得られた。他に塩基であるトリエチルアミンや水酸化ナトリウムも検討したが，反応は進行しなかった。これらの添加剤のなかで，濃硝酸を使用したときには高転化率，高選択率でベンズアルデヒドを得ることができた。

　以上のように濃硝酸が添加剤として最適であることが明かとなった。次にベンジルアルコールの濃度を変化させて酸化反応をおこなった結果を図2に示す。反応は6時間で完結するが，ベンジルアルコールの濃度が上昇するとアルデヒドの選択率は低下することがわかる。これは生成したベンズアルデヒドの一部が酸化されるのが原因であると思われる。これまで，溶媒はジオキサンを使用してきたが，ジオキサン以外の溶媒として，水と混合する溶媒であるアセトニトリル，

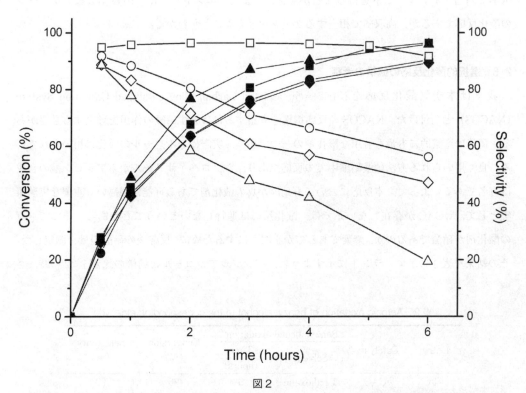

図2
Benzyl alcohol conversion and selectivity to benzaldehyde against reaction time at 90℃, and 0.5mmol/ml HNO_3, in the presence of wCAC. Squares, 0.5mmol/ml alcohol; circles, 1mmol/ml alcohol; diamonds, 2mmol/ml alcohol; triangles, 4mmol/ml alcohol. Solid symbols indicate conversion, and open symbols indicate selectivity.

酢酸，DMAc，ニトロメタン等を検討した。しかしながら，ジオキサンが最もよい溶媒であるという結果を得たものの，ジオキサンも本酸化反応系で反応し，分解生成物を与えることが明かとなった。グリーンケミストリーの立場からすれば有機溶媒を使用しない方が良い。そこで無溶媒の条件で検討したところ，表2に示すように6時間では65％の転化率であるが，10時間の反応で転化率は97％に上昇した。しかし，アルデヒド選択率は82％から38％に低下することがわかった。

また，表2のエントリー4に示すように，wCACが存在しない系では反応は進行しなかった。

以上の，ベンジルアルコールの酸化反応を踏まえ，種々の芳香族アルコールの酸化反応を行った結果を表3に示す。エントリー9や10のように電子供与基が置換したアルコールの方が反応性が高く短時間で反応が完結することが明かとなった。従って，塩素やニトロ基のような電子吸引基が置換したベンジルアルコールでは，反応温度を100℃に上昇させることで高転化率，高選択率で相当するアルデヒドを得ることができた。また，エントリー15，16は第2級アルコールの酸化反応であるが，高収率で相当するケトンを与えることがわかる。

2.3 選択的酸化反応の機構の考察

我々は本空気酸化反応をNitric Acid-assisted Carbon-alloy catalyzed Oxidation System（NACOS）と名付けた。NACOSの反応機構を考察するにはまず硝酸の作用を考察する必要がある。硝酸は産業的にも最も有用な酸化剤の一つであり，実際にアルコールの酸化に用いられている。良く用いられる方法は濃硝酸中での反応であり，シクロヘキサノールからアジピン酸の合成は有名である。よって，本反応においても硝酸が真の酸化剤である可能性が高い。重要な実験事実として，wCACが存在しない系では，酸化反応は進行しないということがある。そこで，真の酸化剤が硝酸であるのか，酸素であるのかを明かにするために，反応後の硝酸の量を測定した。その結果を表4に示す。ラン1に示すように，ベンジルアルコールと硝酸の比が1：2の時，さ

表2 Aerobic oxidation of benzyl alcohol to the corresponding aldehyde

Entry	Catalyst	Benzyl alcohol oxidation[a]		Conversion (%)	Selectivity (%)
		Solvent	Time (hours)		
1	wCAC	1,4-dioxane	5	96	92
2[b]	wCAC	—	6	65	82
3[c]	wCAC	—	10	97	38
4	—	1,4-dioxane	5	<3	98

a) General conditions: catalyst (10mg), alcohol (0.5mmol), 1,4-dioxane (2ml), 67% HNO_3 (1mmol), 90℃, atmospheric pressure. b) Alcohol (20mmol), 67%HNO_3 (2mmol), solvent free. c) Alcohol (20mmol), 40%HNO_3 (4mmol), solvent free.

第 8 章　酸化反応触媒

表3　Oxidation of varied primary and secondary benzylic alcohols

Entry[a]	Substrate	Product	Time (hour)	Conversion[b] (%)	Selectivity (%)
9	H₃C-O-C₆H₄-CH₂OH	H₃C-O-C₆H₄-CHO	3	97	84
10	H₃C-C₆H₄-CH₂OH	H₃C-C₆H₄-CHO	4	92	83
11	Ph-C₆H₄-CH₂OH	Ph-C₆H₄-CHO	2	94	98
12	2-naphthyl-CH₂OH	2-naphthyl-CHO	5	95	82
13[c]	Cl-C₆H₄-CH₂OH	Cl-C₆H₄-CHO	4	92[d]	78
14[c]	O₂N-C₆H₄-CH₂OH	O₂N-C₆H₄-CHO	5	98[e]	99
15	Ph-CH(OH)-CH₃	Ph-CO-CH₃	5	90	98
16	Ph₂CH-OH	Ph₂C=O	4	98	100

a) General conditions: substrate (0.5mmol), wCAC (10mg), 1,4-dioxane (2ml), 67%HNO₃ (1mmol), 90℃. b) Conversion and selectivity were determined by gas chromatography mass spectrometry with an internal standard method (naphthalene). c) Substrate was 1mmol and temperature was 100℃. d) Under general conditions, conversion and selectivity were 76% and 91% respectively. e) Under general conditions, conversion and selectivity were 58% and 100% respectively.

表4　Comparison of recoveries of HNO₃ in benzyl alcohol oxidations conducted under oxygen and nitrogen atmosphere

Run	Molar ratio of alcohol : HNO₃	Atmosphere	HNO₃ Recovery (%)	Conversion (%)	Selectivity (%)
1	1 : 2	O₂	96	96	92
2	1 : 2	N₂	13	95	42
3	10 : 1	O₂	90	81	51

らにラン3のようにその比が10：1であっても硝酸のほぼ全量を回収することができた。これは反応全体としては硝酸が酸化剤ではないことを示しているといえる。そこでさらに本反応において酸素を使用せず，窒素気流下で反応を行った。その結果酸化反応は進行し，同時に約90％の硝酸が消費された（ラン2）。これは硝酸が酸化剤として作用し，酸化反応に関与した分が消費されていることを示している。さらに，窒素気流下の反応では，NO_2と思われる茶色のガスの発生が観察された。このガスはすぐに消滅したが，これは生成したベンズアルデヒドと反応して安息香酸となったためであると考えられる。NO_2の生成は酸素存在下でも起こっているはずであるが，茶色のガスの発生が観察されないのは酸素のためにすぐに反応して硝酸にもどるためであると考えられる。すなわち，本反応系ではアルコールの直接の酸化剤は硝酸であるが，酸化反応で生成した硝酸の還元体は酸素で酸化されて硝酸に戻るのである。このように硝酸が系中で再生される酸化反応系は我々の知る限り初めての報告である。

　硝酸をHBrや硝酸ナトリウムに置き換えても酸化反応は進行しなかった。これはプロトンや硝酸イオンは反応を触媒しないことを示している。さらに図3に示すように，反応系に水を加え

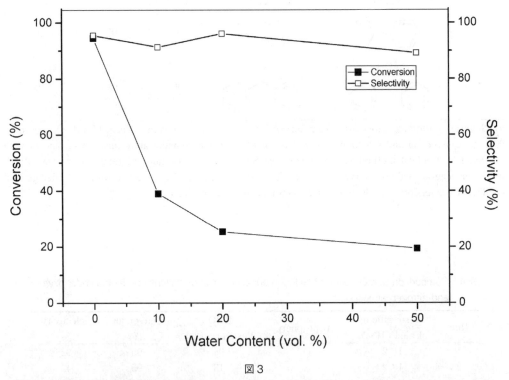

図3

Comparison of benzyl alcohol oxidations conducted with 1,4-dioxane/water mixture at varied ratios. Reaction conditions: 2ml 1,4-dioxane/water mixture, 0.5mmol benzyl alcohol, 10mg wCAC, 1mmol HNO_3, 90℃, atmospheric pressure, 5hours.

第8章 酸化反応触媒

ると転化率は著しく低下する。すなわち触媒反応には解離していない硝酸が重要であって，水を加えることでH^+とNO_3^-に解離したイオンでは酸化反応に関与しなくなるということが分かる。以上の結果から，NACOSの反応は全体的にスキーム1のように表わされる。まず，硝酸がwCAC表面に吸着し活性化される。このものがアルコールをアルデヒドに酸化し，硝酸はNO_2となるが，すぐに酸素と水により硝酸に再生される。

つぎに，表5に示すように，他の炭素材料の触媒活性を検討した。炭素材料として活性炭（AC），カーボンブラック（XC72），カーボンナノファイバー（VGCF）を検討した結果，ACとXC72は90%の転化率を示した。しかしながら，選択率はwCACにおよばないものであった。また，VGCFは触媒活性を示さなかった。これは表面積によるところが大きいと思われる。すなわち，ACとXC72の表面積は1100および250m^2/gで，VGCFのそれは13m^2/gである。wCACの場合には表面積が330m^2/gで高転化率はこの大きな表面積で説明できるが，アルデヒドの高選択性は説明できない。鉄原子存在下で作製した本反応の触媒は，図4の電子顕微鏡写真に示すようなナノシェル構造が観察され，ここでの結晶性が触媒活性に重要であることが報告さ

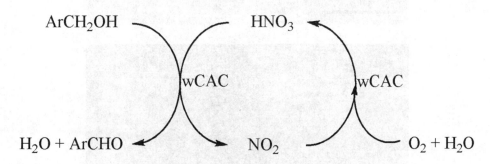

スキーム1 Overall mechanism of NACOS

表5 Aerobic oxidation of benzyl alcohol to benzaldehyde with carbon-based catalysts

Entry	Catalyst	Benzyl alcohol oxidation[a]		Conversion[b] (%)	Selectivity (%)
		Solvent	Time (hours)		
1	wCAC	1,4-dioxane	5	96	92
2	AC	1,4-dioxane	5	88	70
3	XC72	1,4-dioxane	5	91	58
4	VGCF	1,4-dioxane	5	3	99

a) General conditions: catalyst (10mg), alcohol (0.5mmol), 1,4-dioxane (2ml), 67% HNO_3 (1mmol), 90℃, atmospheric pressure. b) Conversion and selectivity were determined by gas chromatography mass spectrometry method with an internal standard (naphthalene).

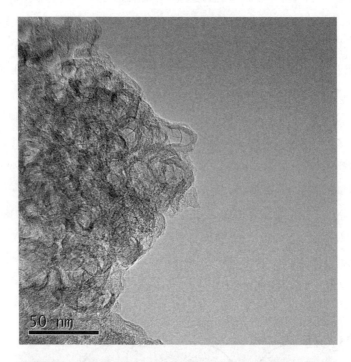
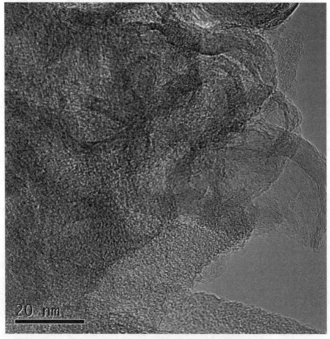

図4　TEM images of wCAC

第8章 酸化反応触媒

れている[2]。AC や XC72 が非晶性であることを考えると，wCAC の結晶構造が選択率に大きく関与している可能性があるといえる。

　以上のように，今回我々が開発した炭素触媒を使用する空気酸化反応では，高収率，高選択性でベンジルアルコールをベンズアルデヒドへと酸化することを見出した。アルコールの直接の酸化剤は硝酸であり，硝酸の還元体が酸素で硝酸に再生される機構であることが明かとなっている。この反応はカーボンアロイ触媒（wCAC）以外の炭素触媒で進行するが，wCAC を使用したときにのみ高選択性が出るのは今のところ説明できていない。今後，このような選択性の解明と，反応を他のアルコールの酸化へ拡大していくことが課題であるといえる。

文　　献

1) J. Ozaki, T. Anahara, N. Kimura, A. Oya, *Carbon*, **44**, 3358 (2006)
2) J. I. Ozaki *et al.*, *Journal of Applied Electrochemistry*, **36**, 239 (2006)
3) J. Ozaki, N. Kimura, T. Anahara, A. Oya, *Carbon*, **45**, 1847 (2007)
4) J. S. Zheng *et al.*, *Electrochimica Acta*, **53**, 3587 (2008)

第9章 カーボンアロイ触媒による合成反応

1 カーボンアロイ材料の化学合成用貴金属フリー触媒としての応用展開の可能性

山口和也[*1]，水野哲孝[*2]

1.1 はじめに

　炭素系材料は一般的に，高比表面積を有しており，耐熱性・耐酸性・耐塩基性に優れている。また，炭素系材料は繊維や各種成形物への加工が非常に容易であり，単なる微粒子形態以外にも様々な形態が考えられ，広範囲への応用が可能である。化学合成において反応によっては（例えば，ある種の酸化反応），炭素系材料そのものが活性を示したり，助触媒的な働きをするケースもしばしば見受けられる。以上のような理由から，炭素系材料（特に，活性炭）は古くから種々の担持金属触媒の担体として利用されてきた。最近では，フラーレン，カーボンナノチューブ，グラフェンなど様々な炭素系新材料が開発されている。これらの炭素系材料は炭素間の特殊な結合様式や構造に起因する特異的な機能を発現するため，触媒および触媒担体として，あるいはエレクトロニクス，エネルギー，環境分野においても非常に注目を集めている。

　近年の貴金属の価格の高騰，貴金属資源の不足に対応するため，あらゆる分野で貴金属使用量の大幅な低減が急務とされている。例えば，家庭用，自動車用などへの普及を目指して研究開発が進められている燃料電池の電極には，正・負極ともに白金が用いられているが，白金の価格，白金資源の不足などの問題のため一般に普及されるまでの道は険しい。自動車排ガス浄化触媒にも白金，パラジウム，ロジウムなどの貴金属が多量に用いられている。近年，ポリビニルコバルトフタロシアニン，フタロシアニン，ポルフィリンなどを高温で炭化した含窒素炭素材料（カーボンアロイ触媒）が酸素還元活性化能を有することが群馬大学の尾崎純一教授らの研究により明らかにされた（本書第3章参照）。カーボンアロイ触媒を電極に使用した燃料電池セルは，高い発電出力密度を示すことが国内外で報告され，白金代替触媒の一つとして注目されている（本書第11章参照）。さらに，鉄，セリウムを含むカーボンアロイ触媒が，三元触媒として窒素酸化物，一酸化炭素，炭化水素類を完全分解できることもごく最近報告された[1]。これらの分野において，今後の展開が期待される。

[*1] Kazuya Yamaguchi　東京大学　大学院工学系研究科　応用化学専攻　准教授
[*2] Noritaka Mizuno　東京大学　大学院工学系研究科　応用化学専攻　教授

第9章　カーボンアロイ触媒による合成反応

　さて，白金，パラジウム，ロジウム，ルテニウムなどの貴金属は，実験室レベルでの有機合成あるいは工業レベルでの触媒としても広く用いられている。カーボンアロイ触媒をはじめとする炭素系材料は，先述したような酸化能（酸素の還元活性化能）などを有するためいくつかの貴金属触媒を用いた既存の化学反応プロセスの代替触媒となる可能性がある。カーボンアロイ触媒の化学合成用触媒としての可能性に関しては，この類の研究がごく最近始まったことから，まだ明らかにはなっていない部分が多いのが現状である。本稿では，カーボンアロイ材料の化学合成用貴金属フリー触媒としての応用展開の可能性について，ヒントとなる過去の事例を紹介しながら解説する。

1.2　活性炭を触媒，分子状酸素を酸化剤とした酸化反応

　筆者らの研究グループでは，金属酸化物クラスターの一種であるポリオキソメタレートをベースとした環境調和型酸化触媒の開発を行っている。そのなかで，ルテニウムを置換したシリコタングステートが分子状酸素を酸化剤とするアルカン，アルコールの酸化反応に対する優れた触媒となることを見出した[2]。これらの反応活性と構造の相関，反応機構を検討していく過程で，単核もしくは高分散のルテニウム水酸化物種が本酸化反応に対する活性点となり得ることが明らかとなった。イオン濃度，pHのコントロールといった非常にシンプルな工夫で，Al_2O_3やTiO_2のような無機酸化物担体あるいは活性炭上にルテニウム水酸化物種を高分散担持させることに成功した。また，この方法はルテニウム以外の種々の金属水酸化物触媒調製にも応用できる[3,4]。例えば，ルテニウム水酸化物種をAl_2O_3上に高分散担持させた触媒（$Ru(OH)_x/Al_2O_3$）が分子状酸素を酸化剤とするアルコールの酸化反応に対して他に類を見ない高活性，高選択的な優れた不均一系触媒となることを見出した[5]。また，本触媒はアミンのイミン，ニトリルへの酸化反応[6]，アルキルアレーンの酸素化および脱水素反応[7]，ナフトールおよびフェノールの酸化カップリング反応[8]などの酸素酸化反応に対して高い触媒活性を示すことが明らかとなった。酸化反応以外にも，ニトリルの水和反応[9]，水素化・異性化反応[10]などに対しても高い触媒作用を示すことを明らかにした。ごく最近，本担持水酸化ルテニウム触媒を用いて多段階にわたる反応をワンポットで効率よく行うことにより，1級アミンの酸素化による1級アミドの合成[11]，1級アルコールとアンモニアからのニトリル合成[12]といった新反応の開発にも成功している（図1）。

　上記の反応に関して担体の効果を調べたところ，アルキルアレーンの酸素化反応において炭素系材料（活性炭）を担体としたときに高い触媒活性を示すことを見出した。表1に種々の触媒を用いたキサンテンの酸素酸化反応を行った結果を示す。$Ru(OH)_x/carbon$触媒（ケッチェンブラックEC（ライオン）担体上にルテニウム水酸化物を担持した触媒，ルテニウム担持量：2.5wt%）はキサンテンの酸化反応に対して非常に高い活性を示した。$Ru(OH)_x/carbon$はRu

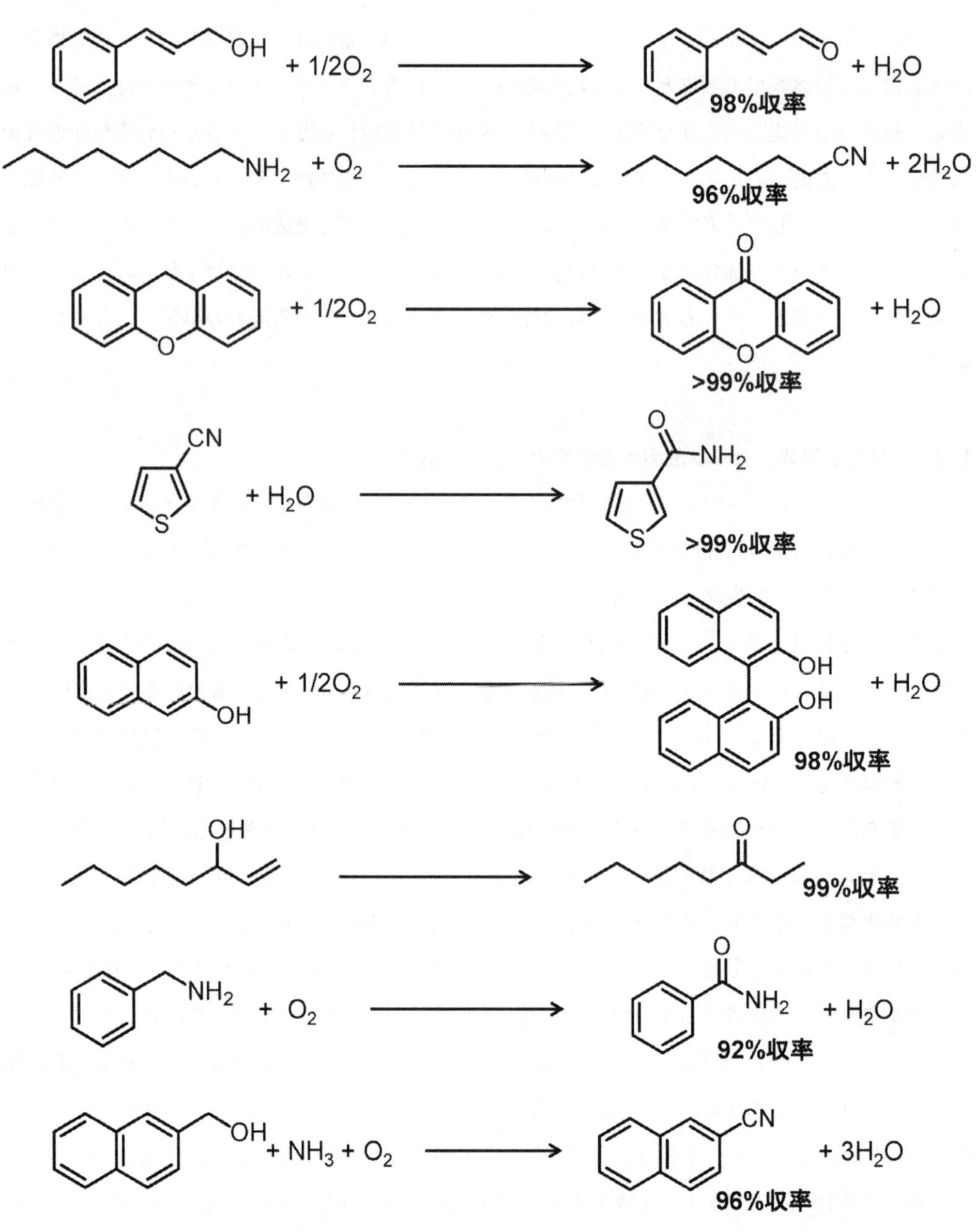

図1 Ru(OH)$_x$/Al$_2$O$_3$ による種々の官能基変換反応[5〜12]

(OH)$_x$/Al$_2$O$_3$ と比べて少なくとも2倍以上高い活性を示すことも明らかにした[7]。さらに，キサンテンなどのアルキルアレーンの酸素化反応に対しては，反応速度は非常に遅いものの担体のみでも（ルテニウムなどの金属種を担持しなくても）反応が進行することを見出した。

炭素系材料自身が分子状酸素を酸化剤としたある種の酸化反応に対して触媒活性を示すあるい

第9章 カーボンアロイ触媒による合成反応

表1 種々の触媒を用いたキサンテンの酸素酸化反応[7]

触媒	反応時間/h	収率/%
Ru(OH)$_x$/carbon	1	>99
Ru(OH)$_x$/Al$_2$O$_3$	2	>99
Ru(OH)$_x$・nH$_2$O	2	<1
RuO$_2$	2	<1
RuCl$_3$・nH$_2$O	2	<1
Ru(acac)$_3$	2	<1
RuCl$_2$(PPh$_3$)$_3$	2	<1
RuCl$_2$(DMSO)$_4$	2	<1
carbon[a]	48	80
none	2	<1

反応条件：キサンテン（1 mmol），触媒（Ru：2 mol%），トルエン（6 mL），100℃，O$_2$（1 atm）。a) carbon (100mg), p-キシレン（6 mL），120℃。

は，助触媒として機能することは古くから知られている。最近では，神戸大学の林昌彦教授らのグループが精力的に研究を行っており，ある種の活性炭（特に，白鷺KL（日本エンバイロケミカルズ）やDarco KB（アルドリッチ））が分子酸素を酸化剤としたいくつかの酸化反応を非常に効率よく進行させることを見出している[13]。

アルコールの酸化反応は合成化学上非常に重要な反応であり，古くは6価クロムなどの毒性の高い量論酸化剤が用いられてきた。最近では，分子状酸素を酸化剤とした数多くの高効率酸化反応系が開発されており，主として，パラジウム，ルテニウム，金，白金などの貴金属が触媒として用いられている[14,15]。林らは，白鷺KLなどの活性炭が酸素を酸化剤とした種々のベンジル型アルコールの酸化反応に対し，高い活性を示すことを明らかにした（表2）[16]。残念ながら基質の適用性は2級ベンジル型アルコールに限られるが，本反応系は，完全に貴金属フリーである。また，本反応系は，表3に示すようなアルキルアレーンの酸素化反応[17]や図2に示すような酸化的脱水素による種々の芳香族化反応[18~21]などの酸化反応に対しても有効であった。従来，アルキルアレーンの酸素化反応や芳香族化反応においては白金族触媒や銅，コバルト錯体などがよく用いられてきたが，本反応系ではこれらの金属は一切必要としない。また，カーボンナノチューブやOnion-likeカーボンなどのナノカーボンがエチルベンゼンの酸化的脱水素反応に対して高い活性を示すこともSchlöglらによって報告されている[22,23]。

上記反応のメカニズムに関しては，例えばアルコール酸化反応において，ラジカル捕捉剤の添加により反応速度が著しく低下したことから，主としてラジカルメカニズム（アルコールのα位のラジカル的水素引き抜き，続く酸素挿入）により進行すると推察されている。いくつかの活性

表2 活性炭を用いた2級ベンジルアルコールの酸素酸化反応[16]

基質	生成物	収率/%
(ベンゾイン)	(ベンジル)	88
(9-ヒドロキシフルオレン)	(フルオレノン)	81
(2-ピリジル フェニル メタノール)	(2-ベンゾイルピリジン)	89
(1-(キノリン-2-イル)エタノール)	(2-アセチルキノリン)	88
(キノリン-2-イル フェニル メタノール)	(2-ベンゾイルキノリン)	87
(置換ジアリールメタノール)	(置換ベンゾフェノン)	95

反応条件:基質 (500mg),活性炭 (白鷺KL, 50wt%),キシレン (10mL), 120℃, O_2 (1 atm), 12h。

炭の酸化触媒活性を様々な観点 (表面積,細孔径,細孔容積,金属不純物量,官能基など) で比較したところ,加熱処理によりCOとして脱離する酸素種 (例えば,キノン) が重要な役割をすると結論付けられている[24]。反応メカニズム,活性種などに関しては更なる検討,議論が必要である。

先にも述べたが,我々はこれまでにポリオキソメタレートをベースとした環境調和型選択酸化触媒の開発を行い,機能設計したポリオキソメタレート化合物を触媒として用いると,安価な過酸化水素もしくは分子状酸素といった酸化剤を用いた環境調和型酸化反応系の構築が可能であること,また触媒活性点の反応性は構造に大きく依存することを見出している[25〜27]。ポリオキソメタレートをベースに触媒活性点を原子・分子レベルで構築し,それらを固定化することにより高機能な固体触媒を設計することができる[28]。担体の選択は非常に重要で,ポリオキソメタレート固定化の際には,担体として活性炭がよく用いられている[29]。

第9章 カーボンアロイ触媒による合成反応

表3 活性炭を用いたアルキルアレーンの酸素酸化反応[17]

基質	生成物	時間/h	収率/%
フルオレン	フルオレノン	24	83
2-ホルミルフルオレン	2-ホルミルフルオレノン	32	76
2-ニトロフルオレン	2-ニトロフルオレノン	95	77
2-アセトアミドフルオレン	2-アセトアミドフルオレノン	82	71
アントロン	アントラキノン	10	84
キサンテン	キサントン	50	94
チオキサンテン	チオキサントン	9	88

反応条件：基質（500mg），活性炭（白鷺 KL, 100wt%），m-キシレン（5 mL），120℃, O_2（1 atm）。

Neumann らは $Na_5PV_2Mo_{10}O_{40}$（H 塩を用いるとエーテルが主生成物として得られるため Na 塩を使用している）を種々の担体に固定化した触媒を用いて 4-メチルベンジルアルコールの酸素酸化反応を行った（表4）[30]。$Na_5PV_2Mo_{10}O_{40}$ 自身は 4-メチルベンジルアルコール（1級アルコール）の酸素酸化活性を示さなかった。$Na_5PV_2Mo_{10}O_{40}$ を SiO_2 や Al_2O_3 に担持したものを用いても反応は全く進行しなかった。一方，活性炭を用いて調製した触媒（$Na_5PV_2Mo_{10}O_{40}$/carbon）を用いると，対応する酸化生成物が 95％の収率で得られた。本触媒は種々のベンジル型，アリル型アルコールの酸化反応に対して高活性を示すことが明らかとなった[30]。そこで，Neumann らは $Na_5PV_2Mo_{10}O_{40}$ と種々の添加物からなる系を用いてアルコール酸素酸化反応を検

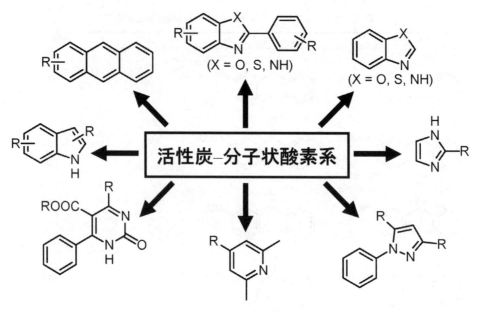

図2 活性炭 — 分子状酸素系による種々の酸化的脱水素反応[13, 18~21]

表4 種々の触媒を用いた4-メチルベンジルアルコールの酸素酸化反応[30]

触媒	反応条件	収率/%
$Na_5PV_2Mo_{10}O_{40}$	A	<1
$Na_5PV_2Mo_{10}O_{40}$/carbon	B	95
$Na_5PV_2Mo_{10}O_{40}$/SiO_2	B	<1
$Na_5PV_2Mo_{10}O_{40}$/Al_2O_3	B	<1
carbon	C	<1

反応条件A:4-メチルベンジルアルコール(1 mmol),触媒(1.8 mol%),デカリン/水(1/1 mL),100℃,O_2(1 atm),18 h。反応条件B:4-メチルベンジルアルコール(1 mmol),触媒(1 mol%),トルエン(3 mL),100℃,O_2(1 atm),24 h。反応条件C:4-メチルベンジルアルコール(1 mmol),carbon(200 mg),トルエン(3 mL),100℃,O_2(1 atm),24 h。

討したところ,$Na_5PV_2Mo_{10}O_{40}$-キノン系が$Na_5PV_2Mo_{10}O_{40}$/carbonと同様に非常に高い活性を示すことを明らかにした[31]。添加物としては,2,3,5,6-テトラクロロ-1,4-ベンゾキノンのような電子吸引基を多く含む(すなわち,酸化ポテンシャルの高い)キノンが特に有効であった[31]。ESRなどにより,ポリオキソメタレート — セミキノン複合体の生成が確認され,これが本反応系の真の活性種であることが明らかとなった。本反応の推定反応機構は図3のように提案されている。

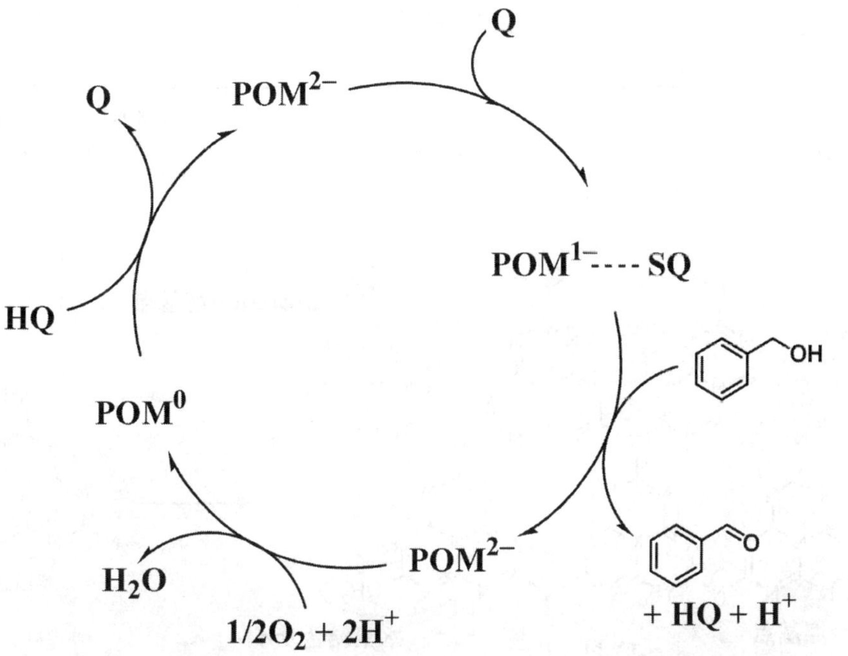

第9章　カーボンアロイ触媒による合成反応

図3　ポリオキソメタレート－キノン系によるアルコール酸化反応の推定反応機構[13, 18〜21]
$POM^0 = Na_5PV_2Mo_{10}O_{40}$, Q=キノン, SQ=セミキノン, HQ=ハイドロキノン。本系は $Na_5PV_2Mo_{10}O_{40}$/carbon 表面のモデル反応系である。

1.3　グラファイト状カーボンナイトライド（g-C_3N_4）

　グラファイト状カーボンナイトライド（g-C_3N_4）はトリ-s-トリアジンユニット（もしくはトリアジンユニット）がアミノ基により連結されたシート状（グラファイト状）構造を有しており（図4），カーボンアロイ触媒の良好なモデル材料である。g-C_3N_4 は，シアナミド，ジシアンアミドもしくはメラミンなどの1分子ユニットからの重合反応により合成できるため，反応条件のコントロールにより様々な重合度，形態（アモルファス，結晶，マイクロ・メソポーラス，ナノチューブなど）を有するものを合成することができる（図4）。g-C_3N_4 の合成や物性などの詳細は，Antonietti らの最近の総説を参考にしていただきたい[32]。g-C_3N_4 は約 2.7eV のバンドギャップを有する半導体であり，g-C_3N_4 に少量の白金を担持すると可視光照射下（>420nm），電子供与剤（メタノールなど）を含む水溶液から水素を生成する光触媒となる[33, 34]。RuO_2 を担持すると，電子受容剤（硝酸銀など）を含む水溶液から酸素を生成する光触媒となる[33, 34]。また，図4に示すように，g-C_3N_4 は Lewis 塩基点，Brønsted 塩基点，水素結合サイトを有するため，種々の官能基変換反応に対して高い触媒活性を示す[32]。以下に g-C_3N_4 に特異的ないくつかの触媒反応の例をまとめた。

　Friedel-Crafts 反応は，アルキルカチオンまたはアシルカチオンの芳香環への求電子置換反応

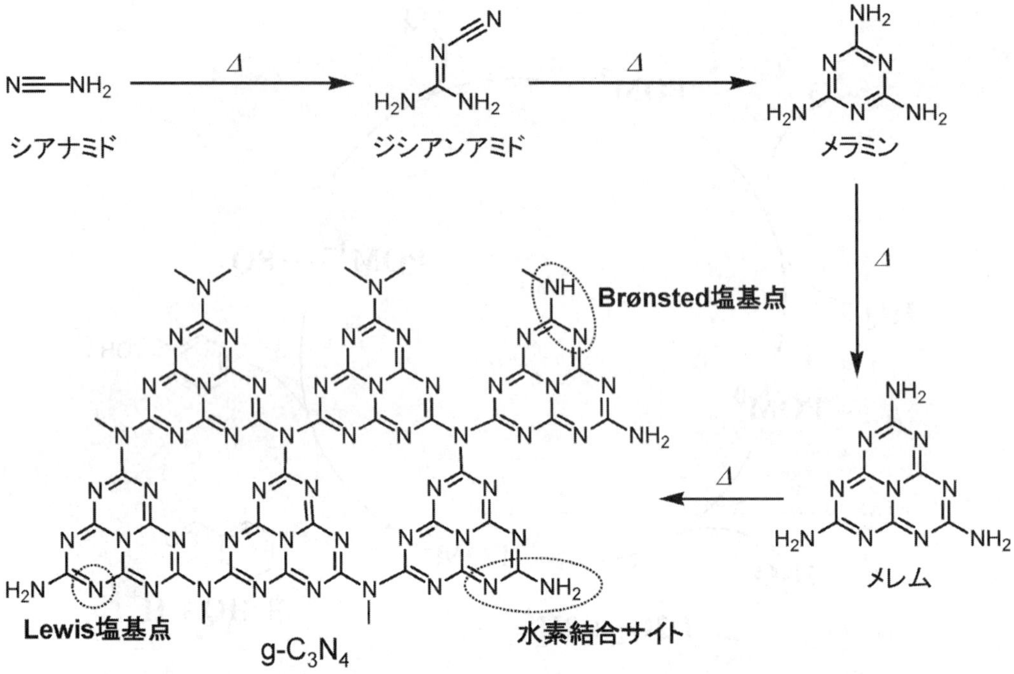

図4 分子ユニットからの g-C_3N_4 合成[32)]

であり，一般的に $AlCl_3$ などの強力な Lewis 酸存在下，ハロゲン化アルキルまたはハロゲン化アシルが求電子剤として用いられている。アルキル化の場合は $AlCl_3$ は触媒量でよいが，アシル化反応の場合は，量論量以上の $AlCl_3$ が必要であり，原子効率の最も低い反応のひとつである。近年，ゼオライト，硫酸化ジルコニア，ヘテロポリ酸などの酸触媒を用いた，高効率 Friedel-Crafts 反応が報告されているが，電子供与基を有する芳香族（例えば，アニソール）に対して高活性を示すが，無置換のベンゼンに対しては有効でない[35)]。Thomas らは，mpg-C_3N_4（メソポーラス g-C_3N_4）が塩化ヘキサノイルをアシル化剤としたベンゼンの Friedel-Crafts アシル化反応に高い触媒活性を示すことを見出した[36)]。一般的な Friedel-Crafts アシル化反応においては，ベンゼンよりも電子供与基を有する芳香族の方が反応性に富むが，mpg-C_3N_4 を触媒とした場合，アニソール共存下（溶媒）においてもベンゼンのアシル化反応が優先的に進行する[36)]。これは，mpg-C_3N_4 のメレムユニット窒素上の p_z 軌道もしくは窒素上の孤立電子対とベンゼンの π^* 軌道との相互作用によりベンゼンが親電子的に活性化されるためであると説明されている[36)]。アニソールの場合，置換基の影響により π^* 軌道の対称性が崩れるため，メレムユニットとの相互作用はベンゼンよりも弱い。そのため，アニソールの反応性はベンゼンよりも低くなると考えられる。これまでの酸触媒による求電子剤の活性化とは全く異なる Lewis 塩基による活性化という新しいコンセプトのアシル化反応である。本 Friedel-Crafts アシル化反応では，芳香族（ベンゼ

第9章 カーボンアロイ触媒による合成反応

ン）を親電子的に活性化できるため，アルコールやカルボン酸あるいはこれまでにほとんど用いられていなかったアルキルアンモニウムや尿素なども求電子剤として使用できることが明らかとなった（表5）[37]。金属塩化物触媒や有機塩素化合物などを一切用いないため，本反応系のグリーン度は非常に高い。

CO_2 の活性化は非常に重要で，遷移金属触媒や固体塩基触媒がよく用いられている[38~40]。mpg-C_3N_4 のエッジの NH−C=N サイト（Brønsted 塩基点）では CO_2 を効率よく活性化することができる（図5）[41]。先にも述べたように，mpg-C_3N_4 はベンゼンを親電子的に活性化することができる[36]。活性化されたベンゼンとカーバメート種として固定化された CO_2 の［2+2］付加反応によりヘミアセタールが生成，続く脱離反応によりフェノールと CO が生成する（図5）[41]。mpg-C_3N_4 の Brønsted 塩基点，Lewis 塩基点の協奏的効果により，CO_2 を酸化剤としたベンゼンの選択酸化というこれまでにない反応系が実現された。

その他にも，mpg-C_3N_4 を触媒としたニトリルの3量化によるトリアジン合成やアルキンの3量化による3置換ベンゼンの合成などの反応も報告されている[42]。これらの反応では，mpg-C_3N_4 との水素結合や π-スタッキングが基質活性化の鍵となる[42]。

表5 mpg-C_3N_4 によるベンゼンの Friedel-Crafts 反応[37]

求電子剤	反応条件	転化率/%	生成物（選択率/%）
メタノール	A	10	トルエン（20），p-キシレン（80）
メタノール	B	20	メシチレン（100）
エタノール	B	18	p-ジエチルベンゼン（100）
2-プロパノール	B	13	クメン（100）
ギ酸	A	100	ベンズアルデヒド（100）
TMABr	A	100	トルエン（100）
尿素	A	20	ベンゾニトリル（100）

反応条件 A：mpg-C_3N_4（50mg），求電子剤（200mg），ベンゼン（5 mL），150℃，24h。反応条件 B：mpg-C_3N_4（50mg），ベンゼン（200mg），アルコール（5 mL），150℃，24h。TMABr＝臭化テトラメチルアンモニウム。

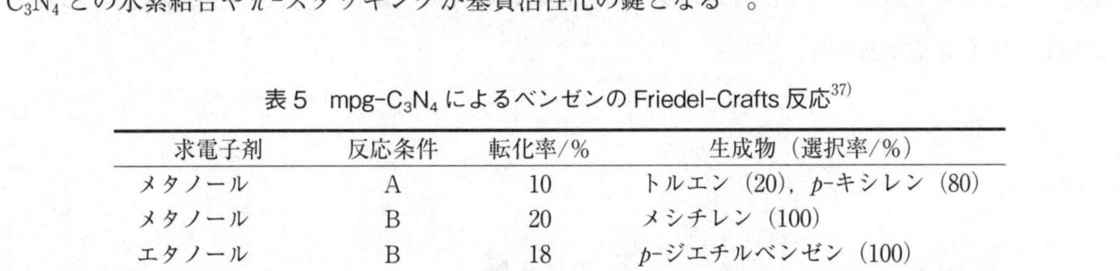

図5 g-C_3N_4 合成による CO_2 の活性化-CO_2 を酸化剤とするベンゼンの酸化反応[41]

白金代替カーボンアロイ触媒

1.4 まとめ

　以上，カーボンアロイ触媒開発に関して参考となる重要な知見をまとめた。活性炭やモデル触媒を用いた林らおよび Neumann らの実験結果から，酸化雰囲気下で（反応中あるいは触媒調製中に）炭素表面にキノンのような酸素種が生成し，それらが種々の酸素酸化反応において活性種あるいは助触媒として機能することが明らかにされた。これらの結果は，カーボンアロイ触媒が酸素酸化触媒（あるいは担体）として非常に有望であり，種々のヘテロ元素導入や導入量の制御により酸化ポテンシャルをコントロールすることによって，優れた酸素酸化触媒が創製できることを示唆するものである。実際に，カーボンアロイ触媒がアルコールの酸素酸化反応に活性を示すことは報告されている（本書第8章2参照）。ただし，基質の適用性はおそらく芳香族系化合物に限定されるであろう。基質の適用範囲を広げるには少量の金属ドープなどの工夫は必要であると考えられる。カーボンアロイ触媒では，ドープされたヘテロ元素が塩基点として機能する。例えば，カーボンアロイ触媒は Knoevenagel 反応などに高い活性を示す（本書第9章2参照）。固体塩基触媒を用いた工業プロセスは固体酸の場合と比べて圧倒的に少ないため，非常に重要な開発ターゲットである。また，カーボンアロイ触媒は種々の金属種（特に低原子価金属）の触媒担体としても有望であろう。

文　　献

1) http://www.nikkan.co.jp/news/nkx0720090715aaaa.html（日刊工業新聞 2009 年 7 月 15 日）
2) K. Yamaguchi, N. Mizuno, *New J. Chem.*, **26**, 972 (2002)
3) H. Fujiwara, Y. Ogasawara, K. Yamaguchi, N. Mizuno, *Angew. Chem. Int. Ed.*, **46**, 5202 (2007)
4) T. Oishi, T. Katayama, K. Yamaguchi, N. Mizuno, *Chem. Eur. J.*, **15**, 7539 (2009)
5) K. Yamaguchi, N. Mizuno, *Angew. Chem. Int. Ed.*, **41**, 4538 (2002)
6) K. Yamaguchi, N. Mizuno, *Angew. Chem. Int. Ed.*, **42**, 1480 (2003)
7) K. Kamata, J. Kasai, K. Yamaguchi, N. Mizuno, *Org. Lett.*, **6**, 3577 (2004)
8) M. Matsushita, K. Kamata, K. Yamaguchi, N. Mizuno, *J. Am. Chem. Soc.*, **127**, 6632 (2005)
9) K. Yamaguchi, M. Matsushita, N. Mizuno, *Angew. Chem. Int. Ed.*, **43**, 1576 (2004)
10) K. Yamaguchi, T. Koike, M. Kotani, M. Matsushita, S. Shinachi, N. Mizuno, *Chem. Eur. J.*, **11**, 6574 (2005)
11) J. W. Kim, K. Yamaguchi, N. Mizuno, *Angew. Chem. Int. Ed.*, **47**, 9246 (2008)
12) T. Oishi, K. Yamaguchi, N. Mizuno, *Angew. Chem. Int. Ed.*, **48**, 6286 (2009)
13) M. Hayashi, *Chem. Rec.*, **8**, 252 (2008)

14) T. Mallat, A. Baiker, *Chem. Rev.*, **104**, 3037 (2004)
15) T. Matsumoto, M. Ueno, N. Wang, S. Kobayashi, *Chem. Asian J.*, **3**, 196 (2008)
16) Y. Sato, T. Tanaka, M. Hayashi, *Chem. Lett.*, **36**, 1414 (2007)
17) H. Kawabata, M. Hayashi, *Tetrahedron Lett.*, **45**, 5457 (2004)
18) Y. Kawashita, N. Nakamichi, H. Kawabata, M. Hayashi, *Org. Lett.*, **5**, 3713 (2003)
19) Y. Nomura, Y. Kawashita, M. Hayashi, *Heterocycles*, **74**, 629 (2007)
20) S. Haneda, A. Okui, C. Ueba, M. Hayashi, *Tetrahedron Lett.*, **63**, 2414 (2007)
21) N. Nakamichi, H. Kawabata, M. Hayashi, *J. Org. Chem.*, **68**, 8272 (2003)
22) D. S. Su, N. Maksimova, J. J. Deldado, N. Keller, G. Mestl, M. J. Ledoux, R. Schlögl, *Catal. Today*, **102-103**, 110 (2005)
23) J. A. Mac-Agullo, D. Cazprla-Amoros, A. Linares-Solano, U. Wild, D. S. Su, R. Schlögl, *Catal. Today*, **102-103**, 248 (2005)
24) Y. Kawashita, J. Yanagi, T. Fuji, M. Hayashi, *Bull. Chem. Soc. Jpn.*, **82**, 482 (2009)
25) K. Kamata, K. Yonehara, Y. Sumida, K. Yamaguchi, S. Hikichi, N. Mizuno, *Science*, **300**, 964 (2003)
26) Y. Nakagawa, K. Kamata, M. Kotani, K. Yamaguchi, N. Mizuno, *Angew. Chem. Int. Ed.*, **44**, 5136 (2005)
27) K. Kamata, S. Yamaguchi, M. Kotani, K. Yamaguchi, N. Mizuno, *Angew. Chem. Int. Ed.*, **47**, 2407 (2008)
28) K. Yamaguchi, C. Yoshida, S. Uchida, N. Mizuno, *J. Am. Chem. Soc.*, **127**, 530 (2005)
29) N. Mizuno, K. Kamata, S. Uchida, K. Yamaguchi, *Modern Heterogeneous Oxidation Catalysis-Design, Reactions and Characterization*, N. Mizuno, ed., Wiley-VCH, p.185-216 (2009)
30) R. Neumann, M. Levin, *J. Org. Chem.*, **56**, 5707 (1991)
31) R. Neumann, A. M. Khenkin, I. Vigdergauz, *Chem. Eur. J.*, **6**, 875 (2000)
32) A. Thomas, A. Fischer, F. Goettmann, M. Antonietti, J. -O. Müller, R. Schlögl, J. M. Carlsson, *J. Mater. Chem.*, **18**, 4893 (2008)
33) X. Wang, K. Maeda, A. Thomas, K. Takanabe, G. Xin, J. M. Carlsson, K. Domen, M. Antonietti, *Nature Mater.*, **8**, 76 (2009)
34) K. Maeda, X. Wang, A. Thomas, Y. Nishihara, D. Lu, M. Antonietti, K. Domen, *J. Phys. Chem C*, **113**, 4940 (2009)
35) G. Sartori, R. Maggi, *Chem. Rev.*, 106, 1077 (2006)
36) F. Goettmann, A. Fischer, M. Antonietti, A. Thomas, *Angew. Chem. Int. Ed.*, **45**, 4467 (2006)
37) F. Goettmann, A. Fischer, M. Antonietti, A. Thomas, *Chem. Commun.*, 4530 (2006)
38) D. Walther, M. Ruben, S. Rau, *Coord. Chem. Rev.*, **182**, 67 (1999)
39) X. L. Yin, J. R. Moss, *Coord. Chem. Rev.*, **181**, 27 (1999)
40) K. Yamaguchi, K. Ebitani, T. Yoshida, H. Yoshida, K. Kaneda, *J. Am. Chem. Soc.*, **121**, 4526 (1999)
41) F. Goettmann, M. Antonietti, A. Thomas, *Angew. Chem. Int. Ed.*, **46**, 2717 (2007)

42) F. Goettmann, A. Fischer, M. Antonietti, A. Thomas, *New. J. Chem.*, **31**, 1455 (2007)

2 C-C結合生成反応

荒井正彦[*1]，藤田進一郎[*2]

2.1 緒言

　工業触媒化学において，実用的な固体塩基触媒の開発は重要な研究課題の一つである。現存の工業プロセスでは，多数の無機あるいは有機酸や塩基触媒が用いられている。塩基触媒として苛性アルカリ，アルカリ金属アルコキシド，有機アミン等が広く使われているが，これらを用いる触媒反応は均一系であり，反応後の分離・リサイクル操作を含めたプロセスの高効率化のためには，均一系触媒を固体触媒に置き換えることが望まれている。実際，アルカリ土類金属酸化物が固体塩基触媒として用いられている。しかし，精力的に多数の研究がなされていて，既に多数の工業的応用例がある固体酸触媒に比較して，固体塩基触媒の実用例は少なく，さまざまな反応に対して高性能な固体塩基触媒の開発が待たれているのが現状である[1,2]。

　近年，いくつかの機能化炭素材料が報告されている。Todaらは糖類から調製した無定形炭素を硫酸処理すると固体酸触媒として機能することを示した[3]。また，Ozakiらは窒素とホウ素のいずれかあるいは両者を含む炭素材料をポリマーから調製し，これらが燃料電池のカソード電極として優れており，現在用いられている白金触媒の代替となりうることを明らかにしている[4~16]。窒素ドープした炭素材料を調製する方法として，Faviaらの炭素材料をアンモニアと空気中でコールドプラズマ処理する方法[7]，Bitterらの窒素含有有機物（アセトニトリル，ピリジンなど）の気相析出法（CVD）などが報告されている[8]。窒素ドープのもう一つの方法に炭素材料をアンモニアと空気の混合ガスで高温処理するアンモオキシデーション法が古くから知られている[9~16]。以上のように窒素ドープ炭素材料は種々知られており，これらは酸化触媒やカソード電極として用いられているが，筆者らが文献探索を行った結果では，窒素ドープした炭素を固体塩基触媒として用いた例はBitterら[8]の報告のみである。

　著者らは，窒素をドープした炭素材料の塩基触媒としての有効性，可能性を探ることを目的として，アンモオキシデーション法で調製した窒素ドープカーボンアロイ材料を用いて塩基触媒反応として知られている2，3の有機合成反応実験を行った。対象反応として，精密有機合成化学においてバラエティに富んだ分子骨格を形成するのに有用なC-C結合形成反応であるKnoevenagel反応（スキーム1）と置換反応であるエステル交換反応（スキーム2）を取り上げた。出発炭素原料として大量入手が可能な2種類の市販の炭素材料から種々のアンモオキシデーション条件で窒素ドープ炭素材料を調製し，触媒性能に対する調製条件の影響と出発炭素材料の

[*1] Masahiko Arai　北海道大学　大学院工学研究科　有機プロセス工学専攻　教授
[*2] Shin-ichiro Fujita　北海道大学　大学院工学研究科　有機プロセス工学専攻　講師

$$R_1CHO + \begin{matrix} R \\ R' \end{matrix} \xrightarrow{-H_2O} \underset{H}{\overset{R_1-C}{}}=\begin{matrix} R \\ R' \end{matrix}$$
ECC

$R_1 = C_6H_5$, $R = CN$, $R' = COOC_2H_5$

スキーム1　ベンズアルデヒドとシアノ酢酸エチルの Knoevenagel 縮合反応

$$H_3C-\underset{}{\overset{O}{\|}}C-O-C_2H_5 + CH_3OH \longrightarrow H_3C-\underset{}{\overset{O}{\|}}C-O-CH_3 + C_2H_5OH$$
MA

スキーム2　酢酸エチルとメタノールのエステル交換反応

影響を調べた。また，いくつかの手法で窒素ドープカーボンアロイ触媒の物理化学的な特性評価を行い，反応成績との関連を検討した。将来のメタルフリーなカーボンアロイ触媒の設計，調製，応用に繋がる第一段階として，基礎的な知見の集積に努めた。これらの結果を以下に概説する。

2.2　アンモオキシデーションによる炭素材料への窒素ドープ

　炭素材料への窒素ドープ法として，前述の窒素を含有する有機高分子を熱処理炭化する方法や窒素を含む有機分子のCVD法等に比較して操作の容易なアンモオキシデーションを採用した。但し，現時点では実験的検討が不十分なことから，最終的に得られるカーボンアロイ材料に含まれる窒素量とドープ窒素の化学状態，材料の表面積と細孔構造などの特徴と制御性について，様々な窒素ドープ法の優劣は不明である。これらは目的の化学反応に適したカーボンアロイ触媒を調製するためには不可欠の要素であり，将来必須の検討課題である。

　ここでは出発炭素材料として，入手の容易なケッチェンブラック（KB，ケッチェン・ブラック・インターナショナル社製）と活性炭（AC，GLサイエンス社製）を用いた。アンモオキシデーションには外径15 mm，内径13 mmの石英製反応管を用いた。反応管に炭素材料150 mgを石英ウールで固定して充填し，空気とアンモニアの混合ガス（多くの場合 NH_3 90 vol.%）を全流量 100 cm^3 min^{-1} で導入し，電気炉により加熱した。加熱は室温から500℃までは10 K min^{-1} で，その後600℃まで速度5 K min^{-1} で昇温し，その温度で1時間保持した。処理後は電気炉の電源を切り自然冷却した。冷却中，反応管の温度が300℃の時にアンモニアの供給を停止し，空気のみを流量50 cm^3 min^{-1} で導入した。その後，電気炉を開けて反応管を室温まで空冷し，取り出したアンモオキシデーション後の試料はサンプル瓶中で保存した。アンモオキシデーション条件

第9章　カーボンアロイ触媒による合成反応

の影響を探るために，処理温度，時間およびアンモニア濃度を変化させた。

2.3　窒素ドープカーボンアロイの塩基触媒活性

種々の条件のアンモオキシデーションで窒素ドープしたカーボンアロイ材料の塩基触媒活性をKnoevenagel縮合反応（スキーム1）とエステル交換反応（スキーム2）で調べた。前者は体積100 cm^{3}のテフロン内筒型密閉容器で，触媒100 mg，ベンズアルデヒド9.9 mmol，シアノ酢酸エチル9.4 mmol，1-ブタノール溶媒4 cm^{3}を用いて行った。反応器に原料と溶媒を入れ，80℃の湯浴中に20分間静置した。その後，1時間攪拌し反応を行った。反応後，GC-MSで生成物を確認した。生成物のシアノケイ皮酸エチル（ECC）の収率は，用いたシアノ酢酸エチル基準で求めた。触媒を使用しなくても反応は熱的に僅かに進行し，5.3%の収率を得た。後者のエステル交換反応も同じ反応器を用いて，触媒100 mg，酢酸エチル10 mmol，メタノール200 mmol，温度140℃，反応時間4時間の条件で行った。この反応も無触媒で進行して酢酸メチル（MA）とエタノールが生成し，収率はそれぞれ10.6%，10.1%であった。

2.3.1　処理雰囲気と温度履歴の影響

最初に，ケッチェンブラック（KB）を出発炭素材料として種々の温度で窒素ドープを行い，カーボンアロイの塩基触媒活性に与える温度履歴の影響を検討した。KBをアンモニアのみで600℃で1時間熱処理し，処理後に入口のアンモニアガスを窒素に切り替える温度を変えて触媒活性（Knoevenagel縮合反応）がどのように変化するかを調べた。比較のために窒素のみで熱処理も行った。表1に結果をまとめた。窒素のみの熱処理で調製した触媒1では，生成物ECCの収率は8.1%であり，触媒なしで反応を行った場合（5.3%）とほとんど変わらない。KBを単に不活性ガスで高温処理しても触媒活性はほとんど現れないことが分かる。一方，アンモニア処理するとKBは活性を示すようになる。しかし，その活性は処理後に窒素に切替える温度に著しく依存し，切替え温度が低いほど高いECC収率が得られる。これは，炭素表面に弱く物理吸着したアンモニア自体が触媒作用を示し，窒素導入温度が高いほど物理吸着アンモニアが脱離しや

表1　N_2あるいはNH_3処理[a]したKBでのECC収率

触媒	処理ガス	窒素導入温度[b] (℃)	ECC収率 (%)
1	N_2	—	8.1
2	NH_3	600	12.2
3	NH_3	300	13.2
4	NH_3	100	18.7
5	NH_3	25	49.8

a　処理温度600℃，処理1時間。
b　冷却時に導入ガスをアンモニアから窒素に切替える温

すいためであろう。

　また，600℃でアンモニアから窒素ではなく，空気に切り替えて調製したKBでKnoevenagel縮合を行うと，ECC収率は13.7%であった。アンモニアから窒素に切り替えた場合（12.2%）とほとんど変わらない。アンモニア流通後に導入するガスの種類は触媒活性に影響しないことが分かる。

　同様の実験をアンモニアと空気の混合ガス（NH_3 90 vol.%）を用いて行った。ただし，アンモオキシデーション後に導入するガスは空気とした。比較のために，KBを空気気流中で600℃まで昇温し，温度が600℃に到達した直後に導入ガスをアンモニアに切替えた実験も行った。これらの処理を経て得られたカーボンアロイ触媒の反応結果を表2に示す。前述のNH_3 100%で調製した触媒（表1）との比較から明らかなように，処理ガスをアンモニア単独からアンモニア―空気混合ガスにすると，触媒活性は著しく増加することが分かる（触媒6-8）。さらに，処理温度まで空気気流中で加熱すると（触媒9），アンモニアのみで処理を行っても混合ガス処理（触媒6）と同等な触媒活性を有する炭素材料が得られる。これらの結果から，活性な触媒を得るためには空気の存在が必須であることが分かる。おそらく，酸素が炭素表面のC-C，C-OあるいはC-H結合を解離させ，解離した炭素原子とアンモニア窒素原子が何らかの形で新たな結合を作り，これが活性サイトを形成するのではないかと考えられる。

　また，アンモニア処理KB触媒と同様に，より低温で導入ガスを空気に切替えて調製した触媒はより高活性である（触媒6-8）。特に，アンモニア供給停止温度が300℃と100℃の試料で活性の違いが顕著に現れる。300℃から100℃の温度領域で脱離する吸着種が存在し，塩基触媒活性の発現に大きな役割を果しているものと考えられる。

2.3.2　処理温度の影響

　KBとACからNH_3 90%，種々の温度で調製したカーボンアロイ触媒でKnoevenagel縮合反応およびエステル交換反応を行った結果をそれぞれ図1と図2に示す。図1に示すように，カーボンアロイ触媒の活性は処理温度とともに増加し，ある温度で極大となる。Knoevenagel縮合

表2　NH_3と空気の混合ガスで処理[a]したKBでのECC収率

触媒	処理ガス	空気導入温度[b] （℃）	ECC収率 （%）
6	NH_3+air	600	23.8
7	NH_3+air	300	27.0
8	NH_3+air	100	46.2
9	NH_3[c]	600	21.0

a　NH_3 90%，空気10%，処理温度600℃，処理1時間。
b　冷却時に導入ガスを処理ガスから空気に切替える温度。
c　処理温度まで空気中で昇温。

第9章 カーボンアロイ触媒による合成反応

では，極大活性を与える処理温度は出発炭素材料により異なる。KB は 600℃，AC は 700℃で最も高い活性が得られる。無触媒で ECC 収率が 5 %であることを考慮すると，KB，AC ともに極大活性は 400℃で調製した触媒の約 2 倍である。また，図 2 に示すようにエステル交換反応に対する処理温度の影響は，KB を 400℃で処理した触媒を除いて，Knoevenagel 縮合よりも小さく，

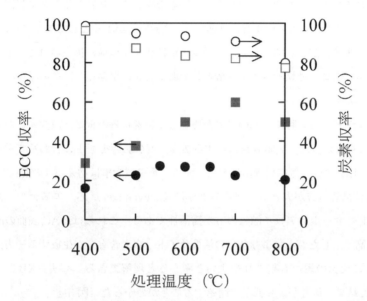

図1　KB と AC の Knoevenagel 反応活性と炭素収率に対するアンモオキシデーション温度の影響
触媒原料：(●, ○) KB；(■, □) AC。アンモオキシデーション条件：NH_3 90 vol.%，1 h。

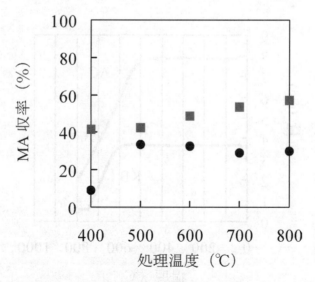

図2　KB と AC のエステル交換反応活性に対するアンモオキシデーション温度の影響
触媒原料：(●) KB；(■) AC。アンモオキシデーション条件：NH_3 90 vol.%，1 h。

またその傾向も異なる。無触媒でエステル交換反応を行うと生成物である酢酸メチル（MA）の収率は10%である。したがって，KBを400℃でアンモオキシデーションした触媒は殆どエステル交換活性を示さないことになるが，この触媒は他と同様にKnoevenagel縮合に対しては活性を示す（図1）。以上のように，触媒性能に対する処理温度の影響は，反応により異なる。これはカーボンアロイ触媒の活性サイトの構造が，反応の種類により異なることに起因するのであろう。金属酸化物触媒上でのエステル交換反応では，酸素原子が塩基としてアルコールを活性化し，金属カチオンがルイス酸として原料のエステルを活性化する機構が提案されている[17]。本研究で調製したカーボンアロイ触媒でもルイス酸として働く表面種が存在し，その量や種類が出発炭素材料で異なるのかもしれない。

アンモオキシデーション時に一部の炭素が燃焼して炭素材料の重量が減少するため，炭素収率は100%にはならなかった。炭素収率に対する処理温度の影響を図1に合わせて示した。図から分かるように，KB，ACともに処理温度を高くすると重量減少率は増える（炭素収率は低下する）が，その程度は後者の方が大きい。前述のようにKnoevenagel反応，エステル交換反応ともにACから調製したカーボンアロイ触媒の方が高活性である。これらは，AC表面の酸素に対する反応性がより高く，したがってより多くの活性サイト（窒素含有）が生成する一方，この反応性の高さのために炭素の燃焼も起こりやすいと考えると理解できる。事実，KBとACの燃焼をTGで測定した結果，後者がより低温で開始することが分かった（図3）。

2.3.3 アンモニア濃度の影響

種々のアンモニア濃度のアンモオキシデーションで調製したカーボンアロイ触媒の活性を

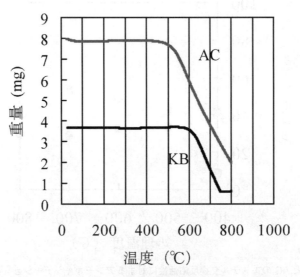

図3　KBとACの熱重量分析結果

第9章　カーボンアロイ触媒による合成反応

図4,図5に示す。Knoevenagel反応の場合（図4），アンモニアのみ（NH_3 100 vol.%）で処理したKB，ACともに触媒活性を示す。特に，ACは十分に高い活性を示す。しかし，処理中に空気を共存させると触媒活性は著しく増加する。一方で，触媒活性に対するアンモニア濃度の影響は小さい。また，アンモニア濃度60 vol.%，70 vol.%で調製した触媒では，副生成物として安

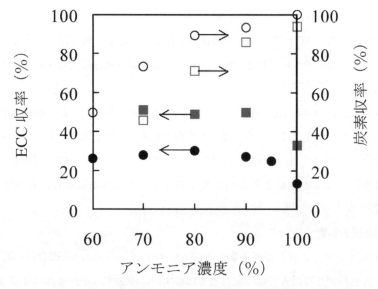

図4　KBとACのKnoevenagel反応活性と炭素収率に対するアンモニア濃度の影響
触媒原料：（●，○）KB；（■，□）AC。アンモオキシデーション条件：600℃,1 h。

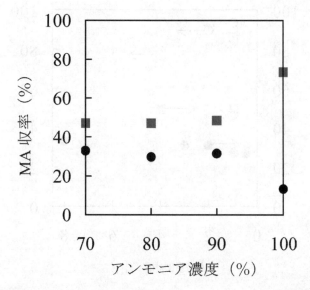

図5　KBとACのエステル交換反応活性に対するアンモニア濃度の影響
触媒原料：（●）KB；（■）AC。アンモオキシデーション条件：600℃,1 h。

息香酸がそれぞれ2.4%,1.2%と,ベンズアルデヒドと溶媒1-ブタノールとのアセタール化合物と考えられるベンズアルデヒドジブチルアセタールが微量検出された。これらが生成する一つの原因として,処理時の混合ガス中における酸素濃度が高くなったことにより含酸素表面種の量が多くなり,これがベンズアルデヒドの安息香酸への酸化反応をひき起こし,生成した安息香酸が酸触媒としてアセタール化を促進したと考えられる。また,図5に示すようにエステル交換反応に対するアンモニア濃度の影響は,アンモニアのみで処理したACを除いて,Knoevenagel縮合と類似の傾向を示し,ACはKBよりも高活性である。しかし,興味深いことにアンモニアのみで処理したACは著しく高い活性を示す。前述したように,反応に関与するサイトが異なることが示唆される。

エステル交換反応におけるACの場合を除き,活性な触媒を得るためには触媒調製時に空気の共存が必要であるが,図4に示すように空気濃度が増加すると炭素収率は著しく低下する(炭素重量減少率は著しく増加する)。いずれのアンモニア濃度においてもACはKBよりも燃焼しやすく,ACは酸素との反応性がより高いと考えられる。これは先に示した熱重量分析の結果(図3)と一致する。

2.3.4 処理時間の影響

次にアンモオキシデーション時間の影響を図6に示す(Knoevenagel縮合反応)。KBでは,触媒活性は処理時間が2時間までは時間とともにわずかに増加するが,それ以降はほぼ一定であ

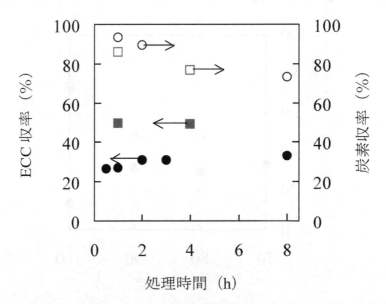

図6 KBとACのKnoevenagel反応活性と炭素収率に対するアンモオキシデーション時間の影響
触媒原料:(●,○)KB;(■,□)AC。アンモオキシデーション条件:NH_3 90%,600℃。

第9章　カーボンアロイ触媒による合成反応

る。しかし，炭素収率は，燃焼が進むため2時間以降も処理時間と共に減少する。一方，ACにおいては，処理時間を1時間から4時間に延ばしても，ECCの収率は全く変わらず（触媒活性に変化はなく），炭素収率が減少するだけである。ACはKBに比べてより燃焼しやすく，窒素原子の導入も速やかに進行することが示唆される。これらの結果から，長時間のアンモオキシデーション処理は炭素の燃焼を進行するだけであり，KBでは2時間，ACでは1時間以下の処理時間で十分であることが分かる。

2.3.5 触媒のリサイクル

　固体触媒を用いるひとつの利点は，その回収，再利用の容易さである。KBをアンモオキシデーションしたカーボンアロイ触媒を用いて，Knoevenagel縮合反応で触媒のリサイクルを試みた。触媒は反応後に吸引ろ過により回収し，空気中120℃で一晩乾燥後に再利用した。表3に示すように，KBとACいずれの触媒もリサイクルにより活性は著しく低下した。しかし，乾燥後，N_2流通下で300℃，1時間熱処理すると，KBの触媒活性は初期の約半分まで回復した。リサイクルに伴う活性低下の原因として反応で生成したH_2Oの吸着が考えられる。しかし，脱水剤としてゼオライトを共存させてもECC収率は変わらなかった。また，H_2Oが触媒上に吸着しても，そのかなりの部分は300℃で脱離すると考えられる。これらを考慮するとH_2Oが活性低下の原因である可能性は低い。他の要因として，微量の安息香酸が反応基質アルデヒドの酸化で生成し，これが触媒上の塩基サイトを被毒して活性を低下させることが考えられる。しかし，反応前に反応基質と溶媒を不活性ガスArを通気して酸化を引き起こす溶存酸素を除去し，さらに反応操作を全てArグローブボックス内で行ってもリサイクルによる活性の低下は同じであった。したがって安息香酸が活性低下の原因である可能性も低い。現段階では明らかではないが，反応基質や生成物ECCがカーボンアロイ触媒に強く吸着し，活性を低下させるのかもしれない。これに対して，KB触媒を用いてエステル交換反応で触媒リサイクルを試みたところ，表4に示すようにKnoevenagel縮合反応とは異なり活性低下は全く認められず，少なくとも3回のリサイクルが可能であった。

表3　Knoevenagel縮合反応での触媒のリサイクル

触媒	反応回数	ECC 収率（%）
KB	1	31
	2	9.3
	2^a	15.5
AC	1	60.0
	2	15.1

アンモオキシデーション条件：NH_3 90%，600℃ (KB)，700℃ (AC)，1時間。
a　リサイクル前に300℃，1時間N_2処理。

表4 エステル交換反応でのKB触媒のリサイクル

反応回数	MA収率（%）	EtOH収率（%）
1	32.6	31.4
2	36.9	36.8
3	37.5	41.8
4	34.4	33.3

2.4 窒素ドープカーボンアロイ触媒の性状と塩基触媒活性との関係

上記のようにKBあるいはACをアンモオキシデーションして調製した窒素ドープカーボンアロイ材料は，Knoevenagel縮合反応とエステル交換反応に活性な塩基触媒として作用する。カーボンアロイ触媒の物理化学的性質を調べ，活性発現の要因，活性の支配因子を探った。

まず窒素吸着法で測定した表面積と細孔容積の結果を示す。KBおよびACから種々のアンモオキシデーション条件で調製したカーボンアロイ触媒のBET比表面積と全細孔容積を表5に示す。KBを窒素あるいはアンモニアのみで処理しても比表面積の変化はないが，窒素のみの処理では細孔体積が小さくなる（試料1，2，4）。一方，酸素のみで処理すると表面積と細孔容積の両者が大きくなる（同3）。これはKB表面の一部が燃焼するためであろう。表面積と細孔容積に対する処理時のアンモニア濃度の影響は顕著ではないが，最も低い濃度60%の時には僅かに増加する（同1，3，6，9）。また，処理温度が高くなると比表面積に増加が見られるが（同5-7），処理時間の影響は認められない（同6，8）。同様にACを出発物質とした場合も処理温度を高くすると，比表面積と細孔容積の両者が増加する傾向が認められる。興味深いことに，

表5 KBおよびACから調製した触媒の比表面積および全細孔容積

試料番号	炭素原料	処理条件 （ガス種 — 温度 — 時間）	S_{BET} (m^2/g)	V_{pore} (cm^3/g)
1	KB	none	1391	3.257
2		$N_2$100%-600℃-1h	1397	2.773
3		Air100%-600℃-0h	1523	4.107
4		$NH_3$100%-600℃-1h	1406	3.459
5		$NH_3$90%-400℃-1h	1403	4.129
6		$NH_3$90%-600℃-1h	1421	3.281
7		$NH_3$90%-800℃-1h	1424	3.569
8		$NH_3$90%-600℃-8h	1407	3.083
9		$NH_3$60%-600℃-1h	1445	3.820
10	AC	none	1047	0.579
11		$NH_3$90%-400℃-1h	1180	0.670
12		$NH_3$90%-600℃-1h	1116	0.616
13		$NH_3$90%-800℃-1h	1260	0.695

第9章 カーボンアロイ触媒による合成反応

活性の高い AC は KB よりも，比表面積，全細孔容積ともに小さい。これらは，調製したカーボンアロイ触媒の活性を支配する重要な因子ではないことが分かる。図7，図8に KB および AC から調製したカーボンアロイ触媒の細孔径分布を示す。出発物質によらず，アンモオキシデーションの前後で細孔構造に大きな変化は認められない。また，KB と AC を比較すると，後者で 2 nm 以下のミクロ孔の割合が多いことが示唆される。

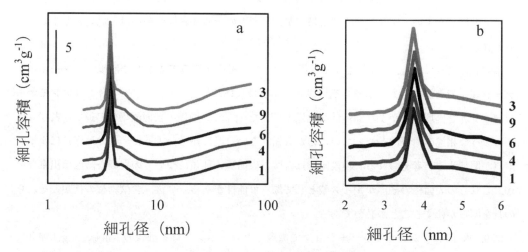

図7　KB から調製した触媒の細孔径分布
細孔径範囲：(a) 2-70 nm and (b) 2-6 nm。図中数字は試料番号で表5と同じ。

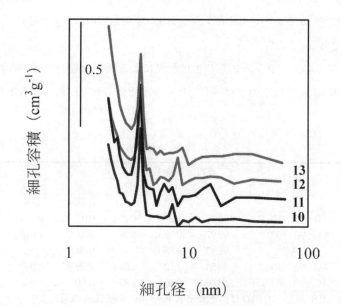

図8　AC から調製した触媒の細孔径分布
図中数字は試料番号で表5と同じ。

次に触媒表面をXPSで調べた結果を示そう。表6に触媒表面に存在する酸素および窒素原子含有量を示す。出発原料のKBとACはいずれも表面酸素種が存在するが，その量はACの方が多い。これらをアンモオキシデーション処理すると，酸素含有量は400℃処理では減少するが，600℃では増加し，ACではその量は未処理のものを上回る。一方，導入される窒素原子の量は温度を高くすると多くなるが，ACの方がKBよりも多くの量の窒素が導入される。炭素基質上に予め存在する含酸素官能基の量が窒素原子の導入に影響すると考えられる。また，ACはKBよりも燃焼しやすい（図3のTGの結果）が，炭素上の表面酸素種が多いほど燃焼しやすいのかもしれない。

前述したように，ACを原料とする触媒では，アンモニアのみで調製した触媒がアンモオキシデーションで調製したものよりも高いエステル交換反応活性を示し，一方，KBではアンモオキシデーション処理の方がより高活性な触媒を与えた（図5）。触媒の表面酸素量の違い（表6）は，このような相違の一要因となっているのかも知れない。既に述べたように，この反応にはルイス酸点が関与すると考えられる。現段階では含酸素表面種の種類についての詳細な議論は出来ないが，これらの表面種の一部がルイス酸として働く可能性がある。今後，含酸素種の種類とそれらの量を明らかにすることが必要である。

図9，図10にアンモオキシデーションで調製したカーボンアロイ触媒のKnoevenagel縮合反応活性およびエステル交換反応活性と窒素ドープ量との関係を示す。Knoevenagel縮合，エステル交換ともに窒素含有量が多いカーボンアロイ触媒ほど生成物の収率は増加し，高い塩基触媒活性を有することが分かる。アンモオキシデーションで炭素表面にドープされた窒素が塩基触媒活性発現の要因である。

測定したN1s電子のスペクトルの形状には触媒による顕著な違いは認められず，いずれも399 eV付近に半値幅3 eV以上のブロードなピークが認められた。このエネルギー領域付近に

表6 XPS分析結果

試料[a]	表面元素濃度（%）			O/C	N/C
	C	O	N		
KB	96.73	3.20	—	0.0331	—
KB-AO（400℃）	96.77	2.21	1.01	0.0228	0.0104
KB-AO（600℃）	92.97	2.79	4.24	0.0300	0.0456
AC	91.33	8.23	—	0.0901	—
AC-AO（400℃）	88.53	7.12	4.35	0.0804	0.0491
AC-AO（600℃）	83.66	9.76	6.58	0.1167	0.0787

[a] KB-AO，AC-AOは，それぞれKB，ACを括弧内の温度でアンモオキシデーションしたカーボンアロイ触媒。アンモオキシデーション条件：NH_3 90%，1時間。

第9章 カーボンアロイ触媒による合成反応

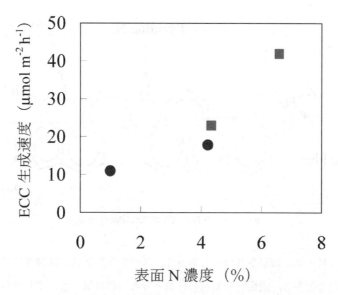

図9　Knoevenagel 反応活性と窒素ドープ量の関係
　　　触媒原料：(●) KB；(■) AC。

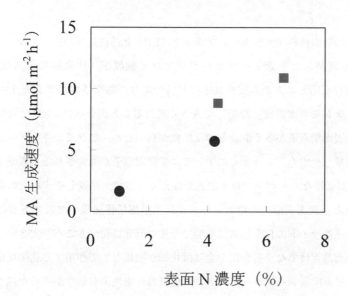

図10　エステル交換反応活性と窒素ドープ量の関係
　　　触媒原料：(●) KB；(■) AC。

ピークを示す含窒素種としてはスキーム3に示す pyridine 型（398.8 eV），pyrrole/pyridone 型（400.4 eV），quaternary 型（401.5 eV），oxidized 型（403.0 eV）のものが知られている[18]。カーボンアロイ触媒には複数の異なる窒素ドープ状態が存在し，これらに起因するピークの重なりの

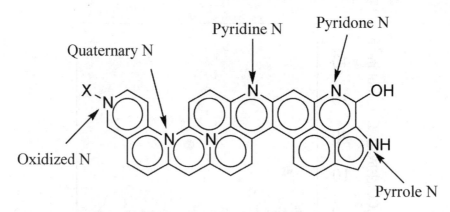

スキーム3　予想される表面含窒素種の構造

ためにブロードなピークが観察されたのであろう。スペクトル形状には触媒による顕著な違いが認められなかったことから，表面含窒素種の種類と分布（相対量）もあまり変わらないと考えられる。そのために反応活性は単に表面窒素ドープ量にのみ依存したものと思われる（図9，10）。

2.5　結言

　市販の二種類の炭素材料（ケッチェンブラック（KB）と活性炭（AC））からアンモオキシデーション法により調製した窒素ドープカーボンアロイ触媒が，代表的な塩基触媒反応であるKnoevenagel縮合反応とエステル交換反応に活性であり，触媒活性はアンモオキシデーションの条件（温度，アンモニア濃度，時間）で大きく異なることが分った。KBと比較してACはもともと存在する表面酸素量が多く酸素との反応性が高いため，アンモオキシデーション時に炭素表面の結合が解離しやすく，より多くのアンモニア窒素原子が導入されると考えられる。そのため，ACはより高活性なカーボンアロイ触媒を与える一方で，燃焼しやすいため炭素収率は低くなると考えられる。炭素表面への窒素ドープが塩基触媒活性発現の要因であることは疑いないが，現時点では活性サイトの化学構造は不明で今後の研究に俟つところが大きい。活性サイトの解明とともに，塩基だけでなく貴金属や金属酸化物が触媒として作用する化学反応にも対象を広げ[19]，メタルフリー窒素ドープカーボンアロイ触媒の可能性・有効性が明らかにされることが期待される。

第 9 章　カーボンアロイ触媒による合成反応

文　　献

1) H. Hattori, *Chem. Rev.*, **95**, 537 (1995)
2) K. Tanabe, W. F. Holderich, *Appl. Catal. A：Gen.*, **181**, 399 (1999)
3) M. Toda et al., *Nature*, **438**, 178 (2005)
4) J. Ozaki et al., *Carbon*, **44**, 1298 (2006)
5) J. Ozaki et al., *Carbon*, **44**, 3348 (2006)
6) J. Ozaki et al., *Carbon*, **45**, 1847 (2007)
7) P. Favia et al., *Plasma Process Polym.*, **3**, 66 (2006)
8) S. van Dommele et al., *Chem. Commun.*, 4859 (2006)
9) E. K. Rideal, W. M. Wright, *J. Chem. Soc. (London)*, 1813 (1926)
10) B. Stöhr et al., *Carbon*, **29**, 707 (1991) and references therein
11) J. Mrha, *Coll. Czech. Chem. Commun.*, **31**, 715 (1966)
12) H. P. Boehm et al., *Fuel*, **63**, 1061 (1984)
13) H. P. Boehm et al., *J. Phys. Chim. Biol., Paris*, **84**, 1449 (1987)
14) P. Vinke et al., *Carbon*, **32**, 675 (1994)
15) P. J. J. Jansen, H. van Bekkum, *Carbon*, **32**, 1507 (1994)
16) P. Pietrzak et al., *Fuel Proc. Technol.*, **88**, 409 (2007)
17) H. Hattori et al., *Stud. Surf. Sci. Catal.*, **130**, 3507 (2000)
18) E. R. Pinero et al., *Carbon*, **40**, 597 (2002)
19) T. Ikeda et al., *J. Phys. Chem. C*, **112**, 14706 (2008)

第10章　カーボン系白金代替触媒の特許動向

上嶋康秀[*1]，畳開真之[*2]

1　はじめに

　白金は，触媒としての利用が圧倒的に多く，その半分以上が自動車用触媒であり，NO_x，CO，HCなどの排ガスの浄化用の酸化還元触媒として用いられている。他に石油，化学といった分野でも，製品生成のための触媒として使用されている。特に，これからは環境問題と絡んで，二酸化炭素排出量規制などがますます厳しくなり，さらに白金触媒の需要は伸びると予想される。

　一方，二酸化炭素削減，石油資源に頼らない新しいエネルギー源として，水素を利用した燃料電池が注目されており，特に，固体高分子形燃料電池は，低温での発電が可能，単位体積及び重量あたり出力が大きいことから，自動車などの運輸交通関連や家庭用での使用，普及が期待されている。その燃料電池の電極触媒，特に高い触媒活性を必要とされるカソード触媒として白金が使われており，燃料電池が普及するにつれて今後白金の需要は急速に増大すると言われている。現状においては，燃料電池車1台あたり，小型車で32g，中型車で60g，大型車で150gの白金が必要とされている。

　このように白金は，有害物質の除去，製造，クリーンなエネルギーの供給などの触媒として有用であるが，問題はコストと埋蔵量である。白金の価格は銀の100倍を超え，金よりも高い（2008年の平均価格は約5,400円/g）。推定埋蔵量は36,000tとされており，2007年の供給量は世界で207tであり，現在ではまだ年間使用量が少ないため150-200年くらいもつ計算だが，1台あたり50gの白金が使用されるとして，年間7,000万台の燃料電池車を生産するとすれば，あと数十年しかもたない計算となる。

　そのため，低白金化，また，白金に代わる高い酸化還元特性を有する新触媒の開発は急務であり，最近国内外の研究機関を中心に研究開発が進められている。後者の白金代替触媒は，主として，非貴金属系触媒とカーボン系触媒に分類される。本章においては，固体高分子形燃料電池のカソード電極を中心に，カーボンが電極に絡んでいる特許の抽出を行い，その研究開発の展開を

[*1]　Yasuhide Uejima　帝人㈱　経営企画部門　技術戦略室　担当部長
[*2]　Masayuki Chokai　東京工業大学　大学院理工学研究科　有機・高分子物質専攻；帝人㈱　新事業開発グループ　融合技術研究所

第10章　カーボン系白金代替触媒の特許動向

特許動向から探ってみた。

2　特許調査範囲と対象特許文献の選別

2.1　調査範囲

本調査における特許文献収集範囲を表1に示したが，少なくともカーボンが電極において何らかの役割（坦持体，触媒など）を果たしているということを条件とし，さらに，「"白金"との語の近傍に"用いない"の語あり」などにて絞込みを行った。その結果，国内特許では190件，外国特許では356件の特許文献を公開情報として2009年6月末時点で収集した。

2.2　選別と分類

収集した特許文献の抄録または必要に応じて明細書を読み込むことによって，本調査の対象文献を選別すると同時に，電極触媒の種類に着目して，低白金化技術，白金代替触媒技術に分類した。「"白金"との語の近傍に"用いない"の語あり」などにて絞込みを行ったにもかかわらず，23件の低白金化技術がピックアップされた。白金代替触媒技術開発については，さらに非貴金属系触媒，カーボン系触媒に分けることで，現在NEDOの固体高分子形燃料電池実用化戦略的技術開発において着目している燃料電池用触媒への3つのアプローチに従って分類した。さらに，対象特許文献を日本，米国，欧州の3極の出願先国別に整理を行った。これらの分類に従って整理した特許出願件数を表2に示す。分析対象の特許文献件数は合計で74件であった。これらの特許は，数件の製造特許を除いて，ほとんどが物質特許に分類されるものであった。

表1　特許文献収集範囲

区分	IPC（FI）分類	説明	国内特許 （Shareresearch[*1]）	外国特許[*2, *3] （Shareresearch[*1]）
①	H01M8/10	固体電解質をもつ燃料電池	14,964	8,293
②	H01M4/88	（電極の）製造方法	3,721	2,092
③	H01M4/90	（電極の）触媒の選択	2,082	2,133
④	H01M4/96	炭素を主とする電極	1,596	1,234
検索式：（①+②+③）*④			1,426	808
更にFタームやキーワード（"白金"との語の近傍に"用いない"の語あり，など）にて絞込み			190	356

*1：Shareresearchは㈱日立製作所提供の特許情報システム
*2：米国，欧州，PCT出願の合計。1ファミリーを1件としてカウントした（例えば，PCT出願から米国，欧州に移行している出願はまとめて1件としてカウント）
*3：PCT出願で移行国に日本が指定されているものは，国内特許でも計上されている場合あり

白金代替カーボンアロイ触媒

表2 分析対象の特許文献件数

種別		出願先国				計
		日本	米国	欧州	WO	
低白金化		18	2	2	1	23
白金代替触媒	非貴金属系	38	2	—	—	40
	カーボン系	9	1	—	1	11
						74

3 特許動向

3.1 技術別特許公開状況

表2に示したように，2009年6月末までに公開された，少なくともカーボンを主とする燃料電池電極における低白金化技術及び白金代替触媒技術に関する特許の数は74件と，まだまだこれからの研究であることがうかがえる。現実には，固体高分子形燃料電池の電極材料のほとんどに炭素が用いられていることから，実用化を目指した白金代替触媒技術に関する研究は，本調査でカバーされていると考えられる。出願先国からは，明らかに日本での研究がリードしているという印象である。

これらの公開特許74件の種別の割合を図1に示したが，白金代替触媒技術としては，非貴金属系触媒（合金を含む）の出願が半数以上を占めており，白金の触媒活性を非貴金属に求めるという研究開発が主流を占めていることが推測される。

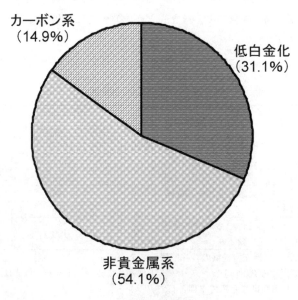

図1 技術別公開特許の割合

第10章　カーボン系白金代替触媒の特許動向

3.2　年代別特許公開状況

　図2に，低白金化及び白金代替触媒に関する特許公開件数の推移を示した（2009年度の件数は，1月から6月までに公開された値）。全体としては，これらの特許出願の件数は増加傾向にあり，特に非貴金属系の白金代替触媒で，1985年に最初の特許が公開されてから1999年までしばらく間が空いていたが，昨今の環境問題などを反映して，2002年頃から，それぞれの技術について現在まで出願数は増加傾向にある。

　低白金化技術については，本調査で，2007年度には一挙に12件の出願が抽出されているが，これは，NEDOからの触媒開発の委託事業の成果として特許出願を行った可能性が考えられる。しかし，その後，その周辺領域を埋めていくような特許出願は，まだ公開されていない。非貴金属白金代替触媒については，2004年以降毎年5件程度の特許出願がコンスタントに出てきており，本分野での研究開発が着実に進められているものと考えられる。カーボン系白金代替触媒については，2004年以降毎年数件の特許が公開されているが，そのほとんどが，カーボンアロイ触媒を発見された群馬大学の尾崎先生らの出願となっている。

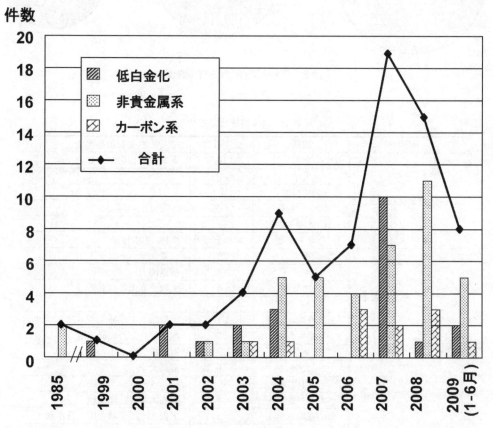

図2　特許公開件数推移

3.3 研究機関別特許公開状況

図3に示したように，低白金化技術，非貴金属白金代替触媒，カーボン系白金代替触媒の公開特許を研究機関別に分類を行い，その主な出願人を表3に示した。低白金化技術及び非貴金属白金代替触媒の特許は，企業からの出願が大多数を占めることから，事業化をターゲットにした研究開発が進められているものと推測される。特に，非貴金属白金代替触媒については，三菱化学からの出願が突出しており，また，トヨタ自動車からも，低白金化技術及び非貴金属白金代替触媒の双方の特許出願が多く見られるが，2008年以降の公開特許は非貴金属白金代替触媒にシフ

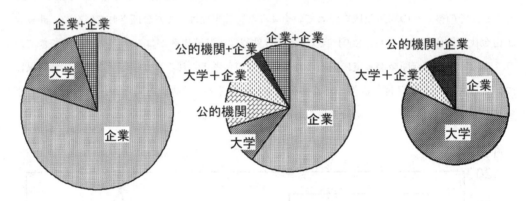

図3 研究機関別公開特許の割合

表3 主な特許出願機関

種別		機関	公開件数	主な出願機関
低白金化技術		企業	16	トヨタ，日立マクセル
		大学	3	
		公的機関		
		大学＋企業		
		公的機関＋企業		
		企業＋企業	1	JSR／本田技研
白金代替	非貴金属系	企業	24	三菱化学，トヨタ
		大学	4	横浜国大
		公的機関	4	大阪市立工業研究所
		大学＋企業	4	
		公的機関＋企業	1	大阪市立工業研究所／日本触媒
		企業＋企業	3	旭化成／(財)野口研究所
	カーボン系	企業	3	旭化成
		大学	6	群馬大学
		公的機関		
		大学＋企業	1	群馬大学／三洋電機
		公的機関＋企業	1	大阪市立工業研究所／日本触媒
		企業＋企業		

第 10 章　カーボン系白金代替触媒の特許動向

トしていることが見受けられる。一方，カーボン系触媒の特許は，群馬大を中心とした出願がほとんどであり，企業での研究開発はまだまだこれからの領域と考えられる。

前述のように，現在，NEDO の固体高分子形燃料電池実用化戦略的技術開発において，これらの低白金化技術，非貴金属白金代替触媒，カーボン系白金代替触媒のいずれもが委託事業となっており，多くの企業が参画していることから，今後，これらの企業からの特許出願が予想される。

次節においては，カーボン系白金代替触媒に絞って，いくつかの特許例の要約を示す。

4　カーボン系白金代替触媒の特許例

4.1　三洋電機／群馬大学
【特開 2003-249231】
鉄を 3 wt％含有する組成でポリフルフリルアルコールとフェロセンとの組成物を作成し 700℃で炭素化させることでオニオン状の積層構造（ナノシェル）を持つ燃料電池用触媒を作成している。

4.2　群馬大学
【特開 2004-362802】
メラミン等の窒素源とホウ素源である BF_3 を含有するフルフリルアルコール樹脂を焼成して得られる炭素化物で，窒素およびホウ素を 0.5～20％含有する燃料電池用炭素触媒。
【特開 2007-207662】
コバルトなどの遷移金属をイオン交換樹脂等にキレートさせたものを炭素化することでナノシェル構造のサイズを制御し高い酸素還元開始電位を有する触媒を作成している。さらに，得られた炭素化物をさらにアンモオキシデーション法により窒素原子を導入することでより触媒特性を向上させている。

4.3　旭化成
【特開 2006-331846】
炭素，窒素及びホウ素から構成される BC_2N などの組成を有する B-C-N ヘテロダイヤモンドを主触媒として含有することを特徴とする燃料電池用電極触媒。アノード用途で有用である。

4.4 地方独立行政法人大阪市立工業研究所／日本触媒
【特開 2008-21638】

　鉄塩にアミノ酸などの含窒素化合物を混合し，熱処理することで炭素材料を作成する製法特許。熱処理後の鉄の除去は行っておらず，実施例における酸素1分子当たりの反応電子数は2.7〜3.6 となっている。

4.5 3M INNOVATIVE PROPERTIES CO（US）
【WO 2008/127828 A1】

　アミノ基及びニトロ基を有する芳香族化合物と鉄，コバルトなどのハロゲン化物とを反応させ，金属を含有する高分子量体を作成し，熱処理することで燃料電池用カソード触媒を作成する。後処理により金属の除去は可能。

4.6 ソニー
【特開 2004-330181】

　炭素及び窒素を含有する炭素化物からなる燃料電池用カソード触媒であり，含有される窒素の構造を規定したパラメータ特許。

4.7 日本カーリット
【特開 2009-125693】

　ホウ素化合物とアセチレンガスとの反応により得られた含ホウ素炭素化物をアンモニアや含窒素化合物と反応させ炭素化物表面に窒素がドープされた触媒を作成している。

5 まとめ

　現時点では，白金代替触媒の研究開発においては，特許出願状況からは日本が優位な位置を占めている。しかし，カーボンに窒素をドープする金属フリー触媒の研究は，米国エネルギー省がスポンサーとなって多くの大学や国立の研究機関，企業で研究が開始されており，2007年後半から研究発表が急速に増加しつつあることを考えると，燃料電池触媒に限らず，他の用途への展開を含めて，今後米国をはじめとする海外の研究機関や企業からの特許出願が増加してくるものと推測される。

　また，カーボンはその前駆体を含めて繊維やフィルム等の各種成型物への加工が自由であり，単なる微粒子形態以外にもさまざまな形が考えられることから，ナノ構造を含めてこれらの形状

第 10 章　カーボン系白金代替触媒の特許動向

及び形状に基づく特性発現を特徴とした特許出願も考えられ，カーボンアロイ触媒をはじめとする白金代替触媒の製品化にむけて，今後特許動向をフォローしていくことが重要である。

　一方，今回の調査においては，例えば，電極にカーボンが不要な画期的な特許がカバーされておらず，これらについても，今後の競合技術として見ていく必要があろう。

第11章　世界のカーボン系白金代替カソード触媒の動向

難波江裕太[*]

1　はじめに

　本章では，燃料電池用非貴金属カソード触媒に関して，カーボンアロイ触媒に関係がある研究例を紹介する。尾崎らがカーボンアロイを調製する際に用いている金属フタロシアニンなどの含窒素大環状金属錯体は，海外におけるカソード触媒開発でも古くから研究されてきた。まず生体の酵素を模倣した触媒として，熱処理を施していないCoフタロシアニンの機能が研究され[1]，その後安定性向上の観点から錯体の熱処理が検討された[2]。(もともとこれらの錯体を熱処理する意図はなく，乾燥用のオーブンの温度を間違えたことが，熱処理系の研究のスタートであるとの噂もある。)したがって海外においては，一連の材料をヘテロ原子が導入された炭素材料(カーボンアロイ)としてとらえている研究者は少なく，炭素はあくまで触媒担体であるとの認識が多い。触媒活性点の構造に関しては，90年代は前述した研究の経緯から金属—窒素の配位構造が重要であるとの考え方が主流であったが，一方でそのような配位構造が無くとも触媒活性は発現するとの主張も同時に存在し[3,4]，現在に至っても決着はついていない。以下，近年精力的に研究を続けているいくつかのグループを取り上げ，触媒調製法，触媒活性，想定している活性点構造について解説する。異なったグループ間の触媒活性の比較では，非常に大雑把な比較であるが，単セル試験における電極面積当たりの最大出力を比較した。実用化を検討するには$1\,W\,cm^{-2}$オーダーの出力密度が必要であると言われている。主にセル温度80℃，カソードガスにO_2を用いた測定結果を引用した。また一部ではあるが，最近DOE(アメリカエネルギー省)が用いている，0.8Vにおける体積あたりの電流密度($A\,cm^{-3}$)も示した[5]。DOEは2015年までの開発目標として，$300A\,cm^{-2}$を掲げている。

---

[*]　Yuta Nabae　東京工業大学　大学院理工学研究科　有機・高分子物質専攻　特任助教

第 11 章　世界のカーボン系白金代替カソード触媒の動向

2　金属が ORR 活性点であると考えているグループ

2.1　カナダ（INRS：Institut national de la recherche scientifique）Dodetet グループ

カナダの J. P. Dodelet らは 1990 年代から Fe, C, N を含む非貴金属カソード触媒を研究しており，既にこの触媒系だけで 20 報以上の学術論文を発表している。初期の研究では FeTPP（鉄テトラフェニルポルフィリン）などの大環状錯体を炭素担体上で熱分解した触媒を研究していたが，最近は鉄源として酢酸鉄，窒素源として 1,10-フェナントロリンを用い，これをアンモニア気流中で熱処理した触媒が活性であると報告している。0.8V の体積あたりの電流密度は，DOE の 2015 年の目標（300A cm^{-3}）に対し，99A cm^{-3} に達している[6]。電極面積あたりの活性については明確な記述がないが，同じ条件下では Zelenay（後述）らの触媒より高活性であると主張している。

Dodelet らは，飛行時間型二次イオン質量分析（TOF-SIMS）などの表面分析の結果から，活性点構造に関しては一貫して，Fe-N の配位構造が重要であると主張している。ただし，必ずしも Metal-N_4 構造である必要はなく，1 つの Fe 原子に対し，フェナントロリンタイプの配位子が 2 つ（つまり窒素は合計 4 つ）結合した構造が活性点であると主張している（図 1）。

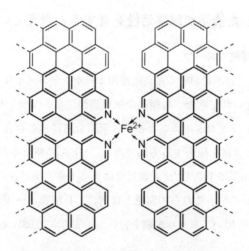

図 1　Dodelet らが提案している活性点構造
炭素担体のミクロ細孔内に図のような構造ができるとしている。

2.2　ドイツ（Helmholtz-Zentrum Berlin für Materialen and Energie）Bogdanoff グループ

ドイツの P. Bogdanoff らは，メスバウアー分光や X 線光電子分光などによる触媒のキャラクタリゼーションを得意としている。FeTMPP-Cl（鉄テトラメトキシフェニルポルフィリンクロライド）をカーボンブラックに担持し，不活性ガス気流下，900℃で熱処理した触媒を，主にキャ

ラクタリゼーションしている[7]。

これまでの分光学的検討から，Bogdanoffらは図2に示すような，Metal-N_4構造が酸素還元の活性点であると主張している。極最近の報告では，高温で熱処理して得た触媒では，金属に配位していない窒素もある程度存在しており，活性点への電子移動を促進するなど，間接的にORRを促進している可能性があると言及している[8]。

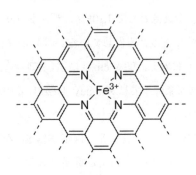

図2　Bogdanoffらが提案している活性点構造

3　窒素をドープした炭素が触媒活性を有すると考えているグループ

3.1　日本（群馬大学）尾崎グループ

本章で述べている様に，日本における燃料電池用カーボンアロイ触媒の開発は，群馬大学の尾崎らによって精力的に行われてきた。典型的な触媒調製法は，フラン樹脂やフェノール樹脂といった出発高分子を，Feフタロシアニンなどの含窒素金属錯体の存在下で熱処理，炭素化し，酸処理で表面に露出した金属を除去する方法である。MEAの単セル試験では2005年に面積あたりの出力密度0.20W cm^{-2}を報告した[9]。最近では東京工業大学でさらに触媒の改良が行われ，0.33W cm^{-2}を報告している[10]。これらの開発とは別に，日清紡ホールディングス社は自社開発したカーボンアロイ触媒を用いて単セル試験を行い，2009年に0.53W cm^{-2}の出力を報告している[11]。

尾崎らが開発してきたカーボンアロイ触媒の活性点構造は，尾嶋（東京大学），寺倉（北陸先端科学技術大学院大学）らによって徐々に明らかにされてきている（6，7章参照）。放射光分光，および第一原理計算による解析により，グラフェンのジグザグエッジに4級窒素が導入されると，その隣の炭素原子の酸素還元活性が向上することが明らかとされている（図3）。

第11章　世界のカーボン系白金代替カソード触媒の動向

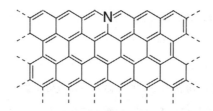

図3　尾嶋，寺倉らが提案している活性点構造
窒素の両隣の炭素上で酸素還元が進行すると提案している。

3.2　アメリカ（University of South Carolina）Popov グループ

アメリカのB. N. Popov らは，エチレンジアミンと金属塩を前駆体とした，非貴金属カソード触媒を研究している。典型的な調製法は，HNO_3 で酸化処理を施したケッチェンブラックにエチレンジアミンと金属塩（$Co(NO_3)_2$ and/or $FeSO_4$）を添加し，アルゴン雰囲気下900℃で熱処理した後に，H_2SO_4 で酸洗浄を行う方法である[12]。MEA の最高出力では，0.45W cm^{-2} 程度の高い出力密度を報告している。また最近は耐久性の評価にも力を入れており，300h 程度安定して出力を示す触媒も報告している[13]。

Popov らは，X線吸収端微細構造（EXAFS）の解析結果から，調製時に添加した金属種はほとんどメタリックな状態まで還元されていると結論し，ORR において金属種は活性点として作用していないと考えている。ORR はグラフェンに導入された窒素種によって発現する Lewis 塩基性によって促進されていると主張している。これまでピリジン型窒素のルイス塩基性を主に議論してきたが，極最近では，4級窒素も ORR 活性にポジティブに作用すると主張している[13]。耐久性と窒素種のタイプについては，ピリジン型窒素は酸性条件下で徐々にプロトン化されるため，ORR 活性が徐々に低下すると考察している。

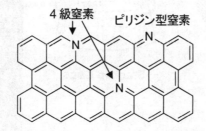

図4　Popov らが提案してる活性点構造

3.3　アメリカ（The Ohio State University）Ozkan グループ

アメリカのU. S. Ozkan らは，アセトニトリルから気相成長法で調製した含窒素カーボンファイバーの，ORR 活性を研究している。SiO_2 などに担持した Fe 触媒上で，900℃程度でアセトニ

トリルを分解することにより，カーボンファイバーを得る。Ni 触媒等も検討しているが，Fe，Co 触媒から調製したカーボンファイバーが高い ORR 活性を示す[14]。

Ozkan らは，ORR 活性の発現にはカーボンファイバー上でエッジ面が多く露出することが重要であるとし，金属触媒が生成炭素のモルフォロジーに及ぼす影響，およびその結果どのようにエッジ面が露出するかを議論している。Fe 触媒上では図 5 に示すように Stacked Cups タイプのカーボンファイバーが多く生成し，これがエッジ面の露出に寄与していると主張している。窒素種と触媒活性の関係に関しては，ピリジン型窒素の存在量と触媒活性に正の相関があると報告している。ただし，ピリジン型窒素が触媒活性点として作用しているというよりも，むしろピリジン型窒素の存在はエッジ面が露出していることの証左であると考察している[15]。

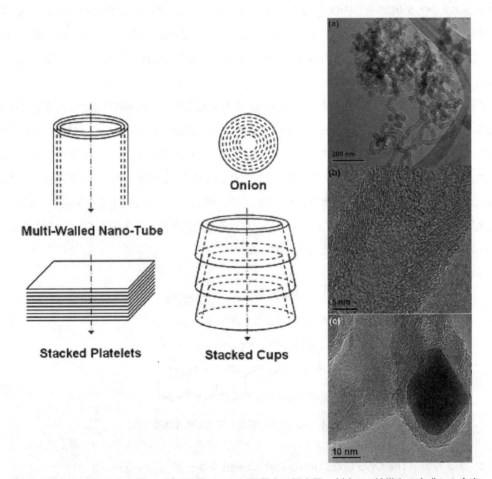

図 5 （左）カーボンナノチューブの形態とエッジ面露出の概念図，（右）Fe 触媒上で合成した含窒素カーボンナノチューブの TEM 像
　　　　注：Journal of Catalysis（Elsevier）から引用，許諾済。

第11章　世界のカーボン系白金代替カソード触媒の動向

3.4　アメリカ（The University of Texas at Austin）Stevenson グループ

アメリカの K. J. Stevenson らは，Fe フタロシアニンを熱分解して得たカーボンナノファイバーを研究している。Ar-H_2（4:5）気流下で Fe フタロシアニンを加熱，気化させ，これを 1000℃に保った Ni メッシュ上で分解することにより，窒素を含んだカーボンナノファイバーを合成する。塩基性電解質中での酸素還元活性を調べ，窒素の導入が ORR を確かに促進すると報告している[16,17]。

触媒調製の温度が高いことから，生成炭素中に Fe フタロシアニン由来の Fe-N 配位構造はしないと考察している。窒素種と触媒活性の関係に関しては，ピリジン型窒素の存在量と触媒活性に正の相関があると報告している。ORR は酸素からパーオキサイド種への2電子還元でスタートし，窒素種は逐次的に進行するパーオキサイド種の反応に関与していると考察している。

3.5　日本（信州大学）高須グループ

信州大学の高須らは，絹を 900～1200℃で炭素化して得た触媒の ORR 活性を研究している[18]。シルクフィブロインはグリシンやアラニンなどのアミノ酸から構成される。この含窒素前駆体を不活性ガス雰囲気下で炭素化した後，850℃で水蒸気賦活をして触媒を得る。高須らの調製の特徴は，Fe や Co の金属種を一切添加しない点である。室温で約 50mW cm^{-2} と比較的高い出力を報告している。金属種を添加せずに調製した触媒で，このような ORR 活性が発現することは大変興味深い。

高須らは，活性な触媒を XPS で分析すると，4級窒素が主に観測されたと報告している。しかし 1200℃で調製した触媒では，窒素含有量がかなり低い（約 0.7wt%）にもかかわらず，900℃で調製した触媒と同程度 ORR 活性を示すことから，ORR 活性点に窒素種は必ずしも必要ではないかもしれないと問題提起をしている。

4　その他グループ

4.1　アメリカ（Los Alamos National Laboratory）Zelenay グループ

アメリカの P. Zelenay グループは，Fe や Co を添加したポリピロールやポリアニリンの ORR 活性，およびそれらを熱分解して得た触媒の ORR 活性を研究している。2006 年に熱処理を施してない Co ポリピロール錯体で，0.15W cm^{-2} の最大出力を報告した[19]。最近はポリアニリンを Fe や Co の存在下で熱分解した触媒を積極的に研究しており，2008 年に 0.38W cm^{-2} の高い出力密度を報告している[20]。耐久性に関しても最近検討を進めており，マルチウォールドカーボンナノチューブ上に担持したポリアニリン由来のカソード触媒で，500h 程度の耐久性試験の結果

を報告している[21]。Zelenayらは，熱処理した触媒に関して，金属種が活性点として作用しているかどうかについては，結論を明らかにしていない。

4.2 アメリカ 3M 社

アメリカの3M社は，ニトロアニリン由来のカソード触媒を研究している。ニトロアニリンを金属塩存在下で重合し，炭素前駆体（図7）とした後，これをアンモニア雰囲気下で熱処理する。粉砕後，再度熱処理を施し，酸処理をして表面の金属を除去する。この方法で調製した触媒で0.8V，19A cm^{-3}の電流密度を報告している。

5 おわりに

以上に述べたように，世界各国で非貴金属カソード触媒の研究・開発が盛んに行われている。調製に関しては，多少の違いはあるが，炭素，窒素，遷移金属を含む前駆体を不活性ガス雰囲気下，もしくはアンモニア雰囲気下で熱処理する点は共通している。各々のグループが調製法を改良し，徐々に実用化も視野に入れられる程度の出力も出始めている。今後本格的に実用化を狙う

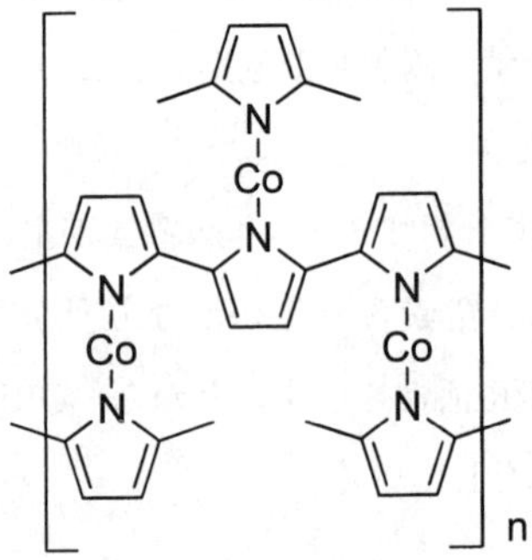

図6 Zelenay らが発表した Co ポリピロール錯体の構造

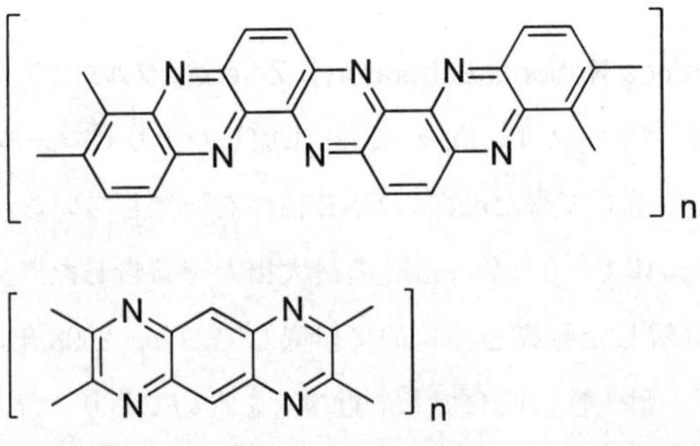

図7 （上）2-ニトロアニリン，および（下）4-ニトロアニリンから合成した炭素前駆体の構造

第 11 章　世界のカーボン系白金代替カソード触媒の動向

には，カーボンが電気化学的に酸化されやすいというイメージを払拭できる，高い耐久性を示すことが極めて重要となる．活性点の構造，反応のメカニズムについては，いくつかの異なった主張があるが，どのグループも決定的な証拠を示すまでには至っていない．今後の進展が期待される．

文　　献

1) R. Jasinski, *Nature*, **201**, 1212 (1964)
2) H. Jahnke, M. Schönborn, G. Zimmermann, *Top. Curr. Chem.*, **61**, 133 (1976)
3) K. Wiesener, *Electrochimica Acta*, **31**, 1073 (1986)
4) E. Yeager, *Electrochim. Acta*, **29**, 1527 (1984)
5) DOE Multi-Year Research, Development, and Demonstration Plan, available on DOE Hydrogen Fuel Cell Program at：http://www1.eere.energy.gov/hydrogenandfuelcells/mypp/
6) M. Lefevre, E. Proietti, F. Jaouen, J. P. Dodelet, *Science*, **324**, 71 (2009)
7) H. Schulenburg, S. Stankov, V. Schunemann, J. Radnik, I. Dorbandt, S. Fiechter, P. Bogdanoff, H. Tributsch, *J. Phys. Chem. B*, **107**, 9034-9041 (2003)
8) U. I. Kramm, I. Abs-Wurmbach, S. Fiechter, I. Herrmann, J. Radnik, P. Bogdanoff, *ECS Transactions*, **25**, 93-104 (2009)
9) J. Ozaki, S. Tanifuji, A. Furuichi, K. Yabutsuka, *Electrochimica Acta*, in press.
10) Y. Nabae, M. Malon, S. M. Lyth, S. Moriya, K. Matsubayashi, N. Islam, S. Kuroki, M. Kakimoto, J. Ozaki, S. Miyata, *ECS Transactions*, **25**, 463-467 (2009)
11) 日清紡ホールディングス ニュースリリース，http://www.nisshinbo.co.jp/news/news20090331_495.html, 2009 年 3 月 31 日
12) V. Nallathambi, J. W. Lee, S. P. Kumaraguru, G. Wu, B. N. Popov, *J. Power Sources*, **183**, 34 (2008)
13) G. Liu, X. Li, B. Popov, *ECS Transactions*, **25**, 1251 (2009)
14) P. H. Matter, E. Wang, M. Arias, E. J. Biddinger, U. S. Ozkan, *J. Mol. Catal. A：Chem.*, **264**, 73-81 (2007)
15) P. H. Matter, L. Zhang, U. S. Ozkan, *J. Catal.*, **239**, 83-96 (2006)
16) S. Maldonado, K. J. Stevenson, *J. Phys. Chem. B*, **109**, 4707-4716 (2005)
17) S. Maldonado, K. J. Stevenson, *J. Phys. Chem. B*, **108**, 11375-11383 (2004)
18) T. Iwazaki, R. Obinata, W. Sugimoto, Y. Takasu, *Electrochem. Commun.*, **11**, 376-378 (2009)
19) R. Bashyam, P. Zelenay, *Nature*, **443**, 63-66 (2006)
20) G. Wu, Z. Chen, K. Artyushkova, F. H. Garzon, P. Zelenay, *ECS Trans.*, **16**, 159-170 (2008)
21) G. Wu, K. Artyushkova, M. Ferrandon, A. J. Kropf, D. Myers, P. Zelenay, *ECS Transactions*, **25**, 1299-1311 (2009)

白金代替カーボンアロイ触媒《普及版》

(B1166)

2010年4月1日	初 版 第1刷発行
2016年5月12日	普及版 第1刷発行

監　修　宮田清藏
発行者　辻　賢司
発行所　株式会社シーエムシー出版
　　　　東京都千代田区神田錦町1-17-1
　　　　電話 03(3293)7066
　　　　大阪市中央区内平野町1-3-12
　　　　電話 06(4794)8234
　　　　http://www.cmcbooks.co.jp/

Printed in Japan

〔印刷　日本ハイコム株式会社〕　　　© S. Miyata, 2016

落丁・乱丁本はお取替えいたします。

本書の内容の一部あるいは全部を無断で複写(コピー)することは，法律で認められた場合を除き，著作者および出版社の権利の侵害になります。

ISBN978-4-7813-1108-1　C3058　¥3400E